● 機械工学テキストライブラリ ●
USM-8

# システム制御入門

## 倉田純一

数理工学社

# 編者のことば

　近代の科学・技術は，18世紀中頃にイギリスで興った産業革命が出発点とされている．産業革命を先導したのは，紡織機の改良と蒸気機関の発明によるとされることが多い．すなわち，紡織機や蒸気機関という「機械」の改良や発明が産業革命を先導したといっても過言ではない．その後，鉄道，内燃機関，自動車，水力や火力発電装置，航空機等々の発展が今日の科学・技術の発展を推進したように思われる．また，上記に例を挙げたような機械の発展が，機械工学での基礎的な理論の発展の刺激となり，理論の発展が機械の安全性や効率を高めるという，実学と理論とが相互に協働しながら発展してきた専門分野である．一例を挙げると，カルノーサイクルという一種の内燃機関の発明が熱力学の基本法則の発見につながり，この発見された熱力学の基本法則が内燃機関の技術改良に寄与するという相互発展がある．

　このように，機械工学分野はこれまでもそうであったように，今後も科学・技術の中軸的な学問分野として発展・成長していくと思われる．しかし，発展・成長の早い分野を学習する場合には，どのように何を勉強すれば良いのであろうか．発展・成長が早い分野だけに，若い頃に勉強したことが陳腐化し，すぐに古い知識になってしまう可能性がある．

　発展の早い科学・技術に研究者や技術者として対応するには，機械工学の各専門分野の基礎をしっかりと学習し，その上で現代的な機械工学の知識を身につけることである．いかに，科学・技術の展開が早くても，機械工学の基本となる基礎的法則は変わることがない．したがって，機械工学の基礎法則を学ぶことは大変重要であると考えられる．

　本ライブラリは，上記のような考え方に基づき，さらに初学者が学習しやすいように，できる限り理解しやすい入門専門書となることを編集方針とした．さらに，学習した知識を確認し応用できるようにするために，各章には演習問題を配置した．また，各書籍についてのサポート情報も出版社のホームページから閲覧できるようにする予定である．

天才と呼ばれる人々をはじめとして，先人たちが何世紀にも亘って築き上げてきた機械工学の知識体系を，現代の人々は本ライブラリから効率的に学ぶことができる．なんと，幸せな時代に生きているのだろうと思う．是非とも，本ライブラリをわくわく感と期待感で胸を膨らませて，学習されることを願っている．

2013 年 12 月

編者　坂根政男

松下泰雄

| 「機械工学テキストライブラリ」書目一覧 |
| --- |
| 1　機械工学概論 |
| 2　機械力学の基礎 |
| 3　材料力学入門 |
| 4　流体力学 |
| 5　熱力学 |
| 6　機械設計学 |
| 7　生産加工入門 |
| 8　システム制御入門 |
| 9　機械製図 |
| 10　機械数学 |

# まえがき

　1788 年，英国のジェームス　ワット（James Watt）が，その後の産業革命の技術基盤を支えた遠心調速機（ガバナー）を特許化しました．遠心調速機とは図に示すように，2 つのおもりの遠心力を利用して蒸気弁の開度を調整し，蒸気機関に送られる蒸気量を自動的に増減させることで回転速度を一定に保つための機構です．蒸気機関の回転速度を一定に保つ遠心調速機の開発は，使い易い蒸気機関を普及させるうえで重要な契機となりました．

　このように大きな技術発展の契機となった遠心調速機は，制御工学の原点と言われています．では，制御工学の目的は何でしょうか．それは，「設計者の意のままにシステムを操る」ということです．ワットの遠心調速機では，「蒸気量の変化に関係なく蒸気機関の回転数を一定に保ちたい」ということが「設計者の意のままにシステムを操る」ことに当たります．遠心調速機以外にも，温度を一定に保つエアコンの温度制御，決められた航路に沿って飛行させる飛行機のオートパイロット，小惑星表面のサンプルを持ち帰った小惑星探査機「はやぶさ」の飛行制御，洗濯機や炊飯器の自動化に見られるように，いたるところに「設計者の意のままにシステムを操る」ために，何らかの制御が施されています．

　本書では，自動的に「設計者の意のままにシステムを操る」ため

- どのようにシステムを表現し，
- どのようにシステムの動き（出力）を知り，
- どのようにシステムに工夫（調節）を施すか

について順を追って学修できるように，できるだけ式の展開も省かないように記述しました．

　数式が苦手な読者もいるかもしれませんが，「自動的に」制御を行うためには機械に制御情報を伝達できるように数式を用いなければなりません．言葉と数式は見かけ上は異なりますが，同じ物理的事象を異なる方法で表現したもので

まえがき　　　　　　　　v

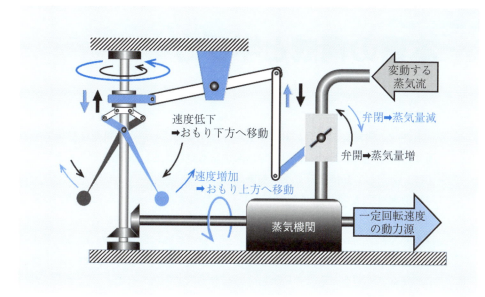

**ワットの遠心調速機**

す．是非，一つ一つの数式を丁寧に追っていき，理解を深めてください．「制御」は，これからの機械を活用する上で基礎的な技術となっています．十分に「制御」を理解して，未来を支える研究者や技術者になってください．

　2016 年 3 月

倉田　純一

# 本書の構成と学び方

　本書は，機械工学を学ぶ学部学生が各自の発想に基づく実用的な機械を思い通りに機能させるための制御工学に関する基礎知識を，直観的なイメージを大切にしながら学修出来るように執筆されたものです．

　制御工学では，制御系を時間領域や周波数領域で取り扱います．そのために，制御工学は難しく捉えられることがありますが，基本は「設計者の意のままに操る」ことであり，操られた系の応答が所望であれば制御系の設計は完了することになります．もし，対象とする系の応答が所望でなければ，ハードやソフトの制御系を変更することによって，所望の応答を得られるようにする必要があります．最終的な「系の応答」を評価することが制御工学では重要な事項となりますので，本書では，「系の応答」を表すモード $e^{極 t}$（図の中央）と，モードの $e$ の肩で応答を支配する「極 $p$」との関係について，重点的に記述します．

　制御分野では，まず，対象となるシステムや調節器の特性をどのように表現するのかが大切です．これらの特性の表現方法には，時間領域と周波数領域の2領域があり，それぞれの領域においても複数の表現方法があります．これらの表現方法を使い分けることと，それぞれの表現の関連性について理解することが大切です．次の図に示す学修項目の中で，背景色が薄い部分は時間領域で，濃い部分は周波数領域で考察するところです．

　制御系設計の入口と出口はともに時間領域で，私たちの身の周りに馴染みのある事柄です．しかし，図では時間領域のまま制御系を考えることはなく，周波数領域に大きく迂回して考えます．これは一見遠回りに見えますが，より複雑な系を考えるためには必要な経路です．時間領域と周波数領域の2つの領域を繋ぐものが，周波数領域の極 $p$ を持つ時間応答の各モード $e^{極 t}$ です．常に，このモード $e^{極 t}$ を意識しながら極 $p$ について理解することが，制御工学の学修には必要となります．

**本書での学修項目**

# 目　　次

**第1章**

## 制 御 と は　　　　　　　　　　　　　　　　　　　　　　　　　1

1.1　システムについて ……………………………………………… 2
1.2　制御の定義 ……………………………………………………… 4
1.3　制 御 方 式 …………………………………………………… 6
1.4　フィードバック制御とフィードフォワード制御 ……………… 9
1章の問題 …………………………………………………………… 11

**第2章**

## 系の時間領域におけるモデル化　　　　　　　　　　　　　　　13

2.1　動的な系の表現 ………………………………………………… 14
2.2　動的表現の基準となる入力 …………………………………… 17
2章の問題 …………………………………………………………… 24

**第3章**

## 周波数領域におけるモデル化　　　　　　　　　　　　　　　　25

3.1　時間領域から周波数領域への移行 …………………………… 26
3.2　任意の入力に対する出力 ……………………………………… 32
3.3　周波数伝達関数による系の特性の定量化 …………………… 37
3章の問題 …………………………………………………………… 40

目　　次　　　　　　　　ix

## 第4章

## $s$ 領域におけるモデル化　　　　　41

4.1　ラプラス変換による系の表現 …………………… 42
4.2　微分方程式から伝達関数へ …………………… 46
4.3　伝達関数の3表現 ……………………………… 48
4.4　ブロック線図の統合 …………………………… 53
4章の問題 ………………………………………… 57

## 第5章

## 伝達関数と図式表現 (1)　　　　　59

5.1　ボード線図による特性表現 …………………… 60
5.2　比 例 要 素 ……………………………………… 62
5.3　積 分 要 素 ……………………………………… 64
5.4　微 分 要 素 ……………………………………… 66
5章の問題 ………………………………………… 68

## 第6章

## 伝達関数と図式表現 (2)　　　　　71

6.1　一次遅れ系 ……………………………………… 72
6.2　二次遅れ系（高次遅れ系） …………………… 74
6.3　二次遅れ系（二次振動系） …………………… 77
6章の問題 ………………………………………… 80

# 第7章

## 伝達関数と図式表現 (3) 　　　　　　　　　　　　81

7.1 一次進み要素 ……………………………………… 82

7.2 位相進み要素 ……………………………………… 84

7.3 位相遅れ要素 ……………………………………… 86

7.4 むだ時間要素 ……………………………………… 88

7 章の問題 ………………………………………………… 90

# 第8章

## ボード線図の合成と分解 　　　　　　　　　　　　91

8.1 ボード線図の合成 ………………………………… 92

8.2 ボード線図の分解による伝達関数の推定 ……… 98

8 章の問題 ………………………………………………… 100

# 第9章

## 極 と 出 力 　　　　　　　　　　　　　　　　101

9.1 系の時間応答出力の求め方 ……………………… 102

9.2 一次遅れ系の応答 ………………………………… 104

9.3 二次遅れ系の応答 ………………………………… 109

9.4 一般的な系の応答 ………………………………… 112

9 章の問題 ………………………………………………… 117

# 第10章

## 系の安定性 　　　　　　　　　　　　　　　　119

10.1 極とモード ………………………………………… 120

10.2 安定判別法 ………………………………………… 123

10.3 制御系設計への応用 ……………………………… 127

10 章の問題 ……………………………………………… 130

目　　　次　　　xi

## 第 11 章

# 制御系の設計 131

11.1　制御の分類 …………………………………………………… 132

11.2　フィードバック制御とフィードフォワード制御 ……… 133

11.3　フィードバック制御における調節器の働き ………… 137

11.4　代表的な調節器 ……………………………………………… 139

11 章の問題 ……………………………………………………… 157

## 第 12 章

# 根 軌 跡 法 159

12.1　根軌跡の意味 ………………………………………………… 160

12.2　根軌跡の描き方 ……………………………………………… 164

12 章の問題 ……………………………………………………… 170

## 第 13 章

# 過渡応答と制御評価指標 171

13.1　系の過渡応答 ………………………………………………… 172

13.2　一次遅れ系の過渡応答 …………………………………… 175

13.3　(一次遅れ + 積分) 系の過渡応答 ……………………… 177

13 章の問題 ……………………………………………………… 180

## 第 14 章

# 古典制御理論から現代制御理論へ 181

14.1　古典制御理論と現代制御理論との比較 ………………… 182

14.2　最適レギュレータ問題 …………………………………… 191

14 章の問題 ……………………………………………………… 196

## 第15章

### 古典制御理論と現代制御理論との対応　　197
　15.1　可制御性と可観測性 ……………………………………　198
　15.2　状態方程式と伝達関数 …………………………………　200
　15.3　状態方程式と重み関数 …………………………………　204
　15.4　状態フィードバックの効果 ……………………………　206
　15章の問題 …………………………………………………………　207

## 問 題 解 答　　208

## 参 考 文 献　　249

## 索　　　引　　250

# 第1章

# 制御とは

　「制御」とは，機械の自動化や省力化のためには不可欠な技術であるが，どのようなことを指し，どのように定義されているのかを知り，最も基本的な用語を学ぶ．また，身の周りにある「制御された機械」を考察し，「制御」が身近な技術であることに意識を持とう．さらに，フィードバック制御やフィードフォワード制御などの違いを理解しよう．

## 1.1 システムについて

システム（system）という単語は，日常の会話の中にもよく出現するが，それぞれが思い描いているシステムは異なっていることも考えられる．なぜなら，「システム」には明確な定義がないからである．本書の中では，「システム」を次の図のように考える．

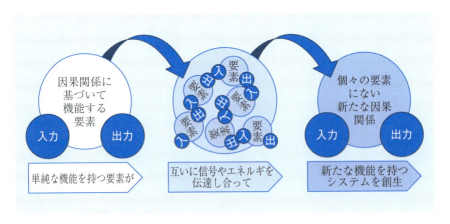

図 1.1 要素とシステム

- システムは複数の要素から構成されている．
- それぞれの要素は，ある入力に対して，明らかな因果関係に基づいて出力する．
- 入力や出力は，情報かもしれないし，エネルギーかもしれないし，物質かもしれない．
- ある要素の出力は他の要素の入力となり，相互に影響を及ぼし合う．
- 複数の要素の連結によって，元の要素が持たない新たな因果関係を創出する．
- その結果，新たな因果関係を持つ連結された要素群，すなわちシステムは，ある入力に対して明らかな因果関係に基づいて出力する新たな要素として考えることができる．
- そのような小さなシステムが連結された群は，少し大きな新たなシステムを構成する．

## 1.1 システムについて **3**

つまり，本書で考えるシステムを構成する要素は，入力と出力との間に因果関係を持っており，その出力は他の要素の入力となる可能性があり，その入力は他の要素の出力である可能性がある．また，構成されたシステムも入力，出力があり，その間には因果関係が存在する．この因果関係は，**重み関数，周波数伝達関数**，あるいは**伝達関数**などの形で表現されるが，本質的には変わりがない．要素の持つ因果関係と，構成されたシステムが持つ因果関係は，多くの場合は異なっており，さらに，システムの因果関係は設計者が希望する入出力間特性に近づいている．

システムの因果関係が，設計者の希望する入出力間特性に近づいている理由は，そのように調整すること自体が**制御**であるからである．

---

● 遠心調速機 ●

遠心調速機は，いまでも身の回りでも使われている．特に，エレベーターに設置されている遠心調速機は，安全確保の最後の切り札になっている．建築基準法に定められた落下防止の安全装置は

- エレベーターの定格速度に相当する速度の 1.3 倍を超えないうちに動力を自動的に切り，さらに動力が切れたときに惰性による原動機の回転を自動的に制止する装置
- 定格速度に相当する速度の 1.3 倍を超えた場合，1.4 倍を超えないうちに「かご」の降下を自動的に制止する装置

の 2 つである．230 年前に開発された遠心調速機は，これら安全装置の速度検出器として，いまも重要な役割を担っている．

## 1.2 制御の定義

制御（control）とは

「ある目的に適合するように，制御対象に所要の操作を加えること」

と定義（JIS Z 8116:1994）されている．また，備考として，「目的としては，制御対象の特性を改善すること，その特性の変動を相殺すること，外乱など制御対象に外部から加わる好ましくない影響を相殺すること，制御量を目標値に近づけること，又は追従させること，などがある」とある．

最もイメージを持ちやすい目的は，「制御量を目標値に近づけること」と思われるので，身近な例として

「50 km/h の一定車速で車を運転すること」

で考えてみる．それに先立ち，**制御量**（controlled variable）や**目標値**（desired value）の定義を見ると，「制御量：制御対象に属する量のうちで，それを制御することが目的となっている量」，「目標値：制御系において，制御量がその値を取るように目標として与えられる量」となっている．つまり，自動車の車速制御で考えると，制御量は車速，目標値は 50 km/h の車速となり，制御の目的は「50 km/h の車速を目標値とし，できるだけ目標速度で自動車を走行させる」こととなる．

定義によれば，この目的に適合するように，誰か（何か）が**制御対象**（contoroled object）に所要の操作を加えるのである．操作を加える主体が**調節部**（controlling element）であり，**操作部**（final controlling element）である．また，操作部から制御対象へと出力される量を**操作量**（manipulated variable）と呼ぶ．調節部が操作の基にしている情報を考えるため，人間が操作する場合を想定すると

「目標とした 50 km/h とスピードメータで読み取った現在の車速との差」

の大小により，アクセルやブレーキの踏込み量の増減を行っていることに気づく．この目標値と制御量との差を**制御偏差**（error）と呼び，**比較部**（comparing element）によって算出される．また，スピードメータのように，制御対象や環境などから制御に必要な信号を取り出す部分を**検出部**（detecting element）と呼ぶ．これらの関係を図示すると，図 1.2 のようになる．

このように，システムを構成する要素間の信号伝達による結合関係を表現する線図を**ブロック線図**（block diagram）と呼び，制御工学で重要な表現手段の

一つである．ブロック線図は，要素を**ブロック**と呼ばれる四角形で，信号をその伝達の向きに合わせた矢印で，信号の分岐を引き出し点で，加減算を加算点で表している．もちろん，加算点に入る複数の矢印の信号と出ていく信号の単位は同じである．

ブロック線図を考える際に人間が操作を行うことを想定したが，定義によれば
**手動制御**（manual control）:「直接又は間接に人が操作量を決定する制御」，
**自動制御**（automatic control）:「制御系を構成して自動的に行われる制御」
と呼び，人間や機械を問わず，その制御の内容が同一であることが分かる．すなわち，制御は，日常生活で行われている通常の行為であって特別なものではないので，制御動作を理解することは困難ではない．

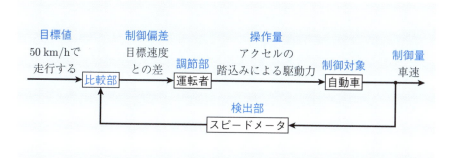

図 1.2　具体的な制御の例

**6**　　　　　　　　　　第 1 章　制御とは

# 1.3　制御方式

　前節の一定車速走行の例では，制御量を目標値に近づけることが目的であったが，他にもその目的や目標値の与え方などによって，さまざまな制御方式に区分される．ただ単一の制御方式による機器は少なく，多くの場合は複数の制御方式が組み合わされている．

● 手加減の自動化

(1)　制御量の取扱いによる分類

    (a)　**フィードバック制御**（feedback control）：制御量を目標値と比較するためのフィードバックループを有し，それらの差である制御偏差に基づいて，制御量と目標値を一致させるように操作量を生成する制御．**閉ループ制御**（closed loop control）とも呼ぶ．

    (b)　**開ループ制御**（open loop control）：フィードバックループを有せず，制御量を考慮せずに操作量を決定する制御

    (c)　**フィードフォワード制御**（feedforward control）：目標値，外乱などの情報に基づいて，制御偏差を求めることなく操作量を決定する制御

(2)　目標値の与え方による分類

    (a)　**定値制御**（set-point control）：目標値が一定の制御

    (b)　**追従制御**（tracking control）：変化する目標値に追従させる制御

    (c)　**サーボ系**（servo system）：変化する目標値に追従させるフィードバック制御系

    (d)　**プログラム制御**（program control）：あらかじめ定められた変化をする目標値に追従させる制御

(3)　調節部による分類

    (a)　**PID 制御**（PID control）：比例動作，積分動作，及び微分動作の 3 つの動作を含む制御

    (b)　**適応制御**（adaptive control）：制御対象の特性・環境などの変化に応じて，制御系の特性を所要の条件を満たすように変化させる制御

## 1.3 制御方式　　　7

- (c)　**学習制御**（learning control）：過去の制御経験を基に，目的により良く合うように制御方式を変化させていく制御
- (d)　**ゲインスケジューリング制御**（gain scheduled control）：調節部で用いるゲインを，目標値，制御量，外乱，負荷などの信号によって変えながら行う制御
- (e)　**ファジィ制御**（fuzzy control）：ファジィ推論演算を行って操作量を決定する制御方式
- (f)　**ルールベース制御**（rule based control）：実際的な運転知識・経験などを，ルール形式で表現し，これらのルール群を用いた推論により操作量を決定する制御方式
- (g)　**非線形制御**（nonlinear control）：少なくとも1つの非線形演算要素を調節部に含む制御方式

(4)　<u>制御の質による分類</u>

- (a)　**最適制御**（optimal control）：制御過程または制御結果を，与えられた基準に従って評価し，その評価成績を最も良くする制御
- (b)　**ロバスト制御**（robust control）：制御対象の特性に多少の変動があっても，制御系全体が不安定にならず，制御性能の劣化が少ないという強健性を考慮して設計された制御

(5)　<u>調節部の構成方法による分類</u>

- (a)　**サンプル値制御**（sampled-data control）：制御系の一部にサンプリングによって得られた間欠的な信号を用いる制御
- (b)　**ディジタル制御**（digital control）：目標値，制御量，外乱，負荷などの信号のディジタル値から，制御演算部でのディジタル演算処理によって操作量を決定する制御

● 手順と判断の自動化

○ **シーケンス制御**（sequential control）：あらかじめ定められた順序または手続きに従って制御の各段階を逐次進めていく制御

**■ 例題 1.1 ■**
次の家庭電化製品にどのような制御が行われているか考えてみよう.
(a) 全自動洗濯機
(b) 冷蔵庫
(c) 炊飯器

【解答】 (a) シーケンス制御(主に時間経過によって,モータ回転の調整と給排水弁の開閉を行っている.同時に,運転状態を知らせるために,ブザーや表示板などの制御を行っている)

(b) フィードバック制御(庫内温度の調整)
シーケンス制御(製氷機の給水と製氷皿の回転)

(c) プログラム制御(炊飯温度と保温温度の切り替え)
フィードバック制御(炊飯釜の温度調整)
シーケンス制御(種々の調理法が選択できる場合のモード切替)

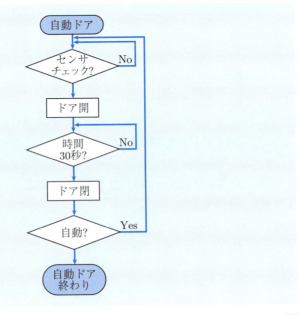

図 1.3 自動ドアもシーケンス制御

## 1.4　フィードバック制御とフィードフォワード制御

　前節での車速制御の例において，目標速度値とスピードメータの指示値との差（制御偏差となる）を知りながら操作を行うのでフィードバック制御系となるが，種々の影響があって車速を一定に保つのは容易ではない．では，路面状況の変化による走行抵抗の増減，路面傾斜角による重力の影響，燃料消費による車重の減少，風などの気象変化などが生じた場合，どのように表現すれば良いだろうか．これらの要因のように，「制御系の状態を乱そうとする外部からの作用」のことを**外乱**（disturbance）と呼ぶ．車速制御の場合，自動車の特性について，入力を駆動力，出力を速度として表現すると，走行抵抗，重力，風などの影響は「力」として自動車に関わるので，制御対象の入力側に加えられる．また，車重の減少は制御対象のパラメータ変動となるが，これによって同一駆動力であっても車速は増加するので，結果として出力側に加えることができる．

　さらに，制御対象の特性から逆算して，車重変化による速度変化を生じさせる駆動力の増減を考えることができるならば，車重変化相当分の駆動力変化として他の要因と合算することが可能になる．つまり，様々な外乱を適当な物理現象による影響を考えることによって，あるひとつの物理量（信号）に変換できる．これによって，ブロック線図では1つの信号に合算することが可能となり，図 1.4 のブロック線図は図 1.5 のように変形できる．

　外乱の有無によらず，目標値と制御量との制御偏差に応じて操作量を増減させる制御を**フィードバック制御**と呼び，ブロック線図中に前向き（目標値から

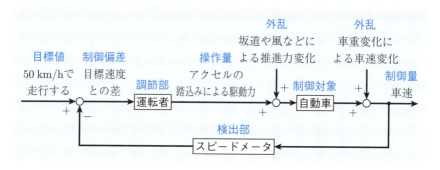

図 1.4　フィードバック制御系に影響を与える外乱

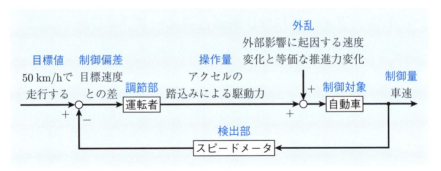

図 1.5 外乱を等価な操作量変化としたフィードバック制御系

制御量へ向かう方向）とは逆に向かうフィードバックループがある．

一方，**フィードフォワード制御**は，制御量を目標値と比較するためのフィードバックループが存在せず，図 1.6 のように前向き要素のみで構成されている．この制御系にも同様に外乱が存在するが，その影響は直接的に制御量に反映されることが分かる．つまり，外乱に対する制御対象の振舞いが既知である場合，その影響を受けないようにあらかじめ操作量を調整して入力し，制御しなければならない．検出器などを備えなくても良い利点はあるものの，外乱の変化などには補償することができず，制御成績は悪化する．

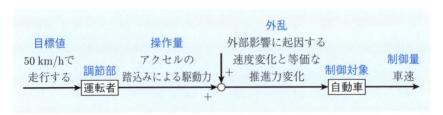

図 1.6 フィードフォワード制御系

---

● **フィードバック制御とフィードフォワード制御の違い** ●

- フィードバック制御：見本との違いを常に比較しながら修正する技能者の仕事
- フィードフォワード制御：環境条件を考慮に入れ，ぶっつけ本番で結果を出す熟練職人の技

# 1章の問題

☐ **1.1** シーケンス制御は「判断と手順の自動化」を行っているので，その動作をプログラムと同様にフローチャートに表すことができる．
  ① 洗い6分，
  ② 注水すすぎ5分×2回，
  ③ 脱水7分
の動作をフローチャートに表しなさい．排水は30秒で完了し，注水は満水センサがオンになることで知ることが可能とする．

☐ **1.2** エアコンの温度制御における信号の流れを，フィードバック制御系のブロック線図で表しなさい．

### ● オルゴール ＝ ガバナー ＋ シーケンサ ●

　オルゴールの構造を，下図に示す．動力源であるぜんまいの復元力は，ギアを介してシリンダに伝達される．シリンダには短い金属製のピンが埋め込まれており，ピアノの弦のように長さの異なる櫛状の金属板を弾くことにより演奏を行う．ぜんまいの巻き上げ具合によってシリンダの回転速度が変化すると曲が聞きづらいため，シリンダの回転速度を一定に保つ装置が必要となる．それが図中のガバナーであり，回転によって羽根が受ける空気抵抗を利用して，回転速度を一定に抑えている．また，シリンダは，一回転に対して演奏すべき時間に櫛歯を弾くという意味で，シーケンス制御のコントローラ（シーケンサと呼ぶ）と位置付けることができる．

　現在では，シーケンサにはマイクロコンピュータが用いられ，プログラミングによって制御の手順が書き込まれるが，自動機械が開発された当初は，オルゴールのシリンダのように一定回転速度で回転するシリンダに突起を付け，その突起でスイッチをオンにする「ロータリーシーケンサ」と呼ばれるものが主流であった．

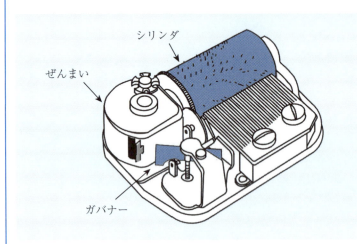

図 1　オルゴールの構造

# 第2章
# 系の時間領域における
# モデル化

制御工学では，前章でも用いたブロック線図と呼ばれる図を用いて信号伝達の様子を表現している．ブロックで示されるある要素（系）へ向かう矢印は入力を，ブロックから出る矢印は出力を示している．つまり，制御工学では，常に要素（系）の入出力関係を追っている．入力が要素（系）によってどのような出力に変化するのかを知り，その要素（系）が複数連結された制御系をまとめて大きな1つの要素（系）と考えて，制御系全体への入力（目標値）によってどのような出力（制御量）が得られるかを考えている．時間領域における要素（系）の入出力関係の表現，すなわちモデル化について理解しよう．

**14**　　　　第 2 章　系の時間領域におけるモデル化

# 2.1　動的な系の表現

　制御工学では，しばしば「動的」「静的」という言葉が使われるが，その違い
をばねばかりで計測することを例に考えよう．ばねの伸びはその荷重に比例す
ることがフックの法則で知られているが，ばねばかりにある荷重を懸架してか
ら指示値が一定値に収束するまで，ばねの伸びは時系列で変化する．懸架した
荷重と伸びの関係だけを考えると「静的」であり，ばねの伸びが一定に収束す
るまでの過程は「動的」である．

---
**静的システムと動的システム**

- **動的システム**（dynamic system）：時刻 $t$ における出力の値 $y(t)$ が，現
  時刻 $t$ の入力値 $u(t)$ だけでなく過去の入力にも依存するシステム
- **静的システム**（static system）：時刻 $t$ における出力の値 $y(t)$ が，現時
  刻 $t$ の入力値 $u(t)$ だけに依存するシステム

---

　機械工学分野では，物理系を物理法則に基づいて数式で表現することから，
動的特性を表す最も身近な方法は微分方程式である．入力を $u(t)$，出力を $y(t)$
としたとき，（線形・連続・集中系である）系の動特性を表す微分方程式の一般
的な形は次のようになる．

$$a_0 \frac{d^n y(t)}{dt^n} + a_1 \frac{d^{n-1} y(t)}{dt^{n-1}} + \cdots + a_{n-1} \frac{dy(t)}{dt} + a_n y(t)$$
$$= b_0 \frac{d^m u(t)}{dt^m} + b_1 \frac{d^{m-1} u(t)}{dt^{m-1}} + \cdots + b_{m-1} \frac{du(t)}{dt} + b_m u(t) \quad (2.1)$$

　左辺には出力 $y(t)$ に関する項，右辺には入力 $u(t)$ に関する項をまとめ，係
数 $a, b$ は実定数であって，少なくとも $a_0, b_0$ は 0 でなく，普通に取り扱う制御
系の場合には $n \geq m$ である（これは，未来の入力を使用しないことを意味して
いる．**プロパーな系**とも呼ぶ）．

　動特性を表す微分方程式の性質として，次のものがある．

- **初期状態**：時刻 $t = 0$ において出力 $y(t)$ が 0 でない一定値 $y_0$ であったとし
  ても，適当な変数の変換で $y_0$ を 0 として考えることができる．よって，初期
  状態を常に 0 として扱っても良い（図 2.1）．

- **時不変性**：ある入力 $u_1(t)$ に対する出力 $y_1(t)$ が分かっているとき，入力 $u_1(t)$ をある時間 $\tau$ だけずらした入力

$$u_2(t) = u_1(t - \tau)$$

に対する出力 $y_2(t)$ は，入力 $u_1(t)$ に対する出力 $y_1(t)$ を時間 $\tau$ だけずらしたものと同じ，つまり，

$$y_2(t) = y_1(t - \tau)$$

である．よって，（定常な状態から変化が発生した）初期時刻を常に $t = 0$ として扱っても良い（図 2.2）．

- **線形性**（linearity，重ね合わせの原理）：初期状態を 0 とした動特性を表す微分方程式において，入力 $u_k(t)$ に対する出力を $y_k(t)$ とする．いま

$$\begin{aligned} u(t) &= b_1 u_1(t) + b_2 u_2(t) + \cdots \\ &= \sum_{k=1}^{n} b_k u_k(t) \end{aligned} \quad (2.2)$$

の形で表される新たな入力 $u(t)$ に対する出力 $y(t)$ は

$$\begin{aligned} y(t) &= b_1 y_1(t) + b_2 y_2(t) + \cdots \\ &= \sum_{k=1}^{n} b_k y_k(t) \end{aligned} \quad (2.3)$$

として求まる．これを「重ね合わせの原理」という．「重ね合わせの原理」が成り立つ系を，**線形な系**という（図 2.3）．

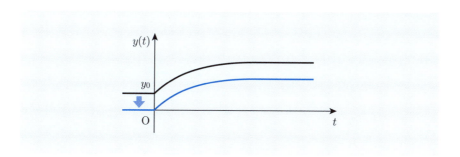

図 2.1　初期状態

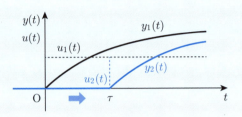

図 2.2　時不変性

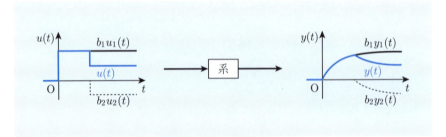

図 2.3　重ね合わせの原理

## 2.2 動的表現の基準となる入力

前節で述べた動的システムの性質を組み合わせると，以下のことが考えられる．

- 任意の形をした入力に対する出力を求めることは，制御系の評価や表現のために必要である．
- しかし，任意の形をした入力は数限りなくあり，それらに対する出力をそれぞれに求めることは面倒である．
- そこで，基本となる入力を1つ定め，その**基準入力**に対する出力を用いて，任意の形をした入力信号に対する出力を求めることができれば簡単である．

つまり，基準入力を $u_r(t)$ と仮定し，任意の形をした入力 $u(t)$ を次のように表すことができたとする．

$$u(t) = b_0 u_r(t) + b_1 u_r(t - \Delta T) + \cdots$$
$$= \sum_{k=0}^{n} b_k u_r(t - k \Delta T) \tag{2.4}$$

つまり，いかなる形をした入力 $u(t)$ でも，基準入力 $u_r(t)$ を少し（$\Delta T$）ずつずらして適当な係数を乗じて積算することによって表されるとするのである．そのときの出力は，基準入力 $u_r(t)$ に対応する出力を $y_r(t)$ とすれば，任意の入力に対する出力 $y(t)$ は，次のように表すことができる．

$$y(t) = b_0 y_r(t) + b_1 y_r(t - \Delta T) + \cdots$$
$$= \sum_{k=0}^{n} b_k y_r(t - k \Delta T) \tag{2.5}$$

このように基準入力 $u_r(t)$ に対する出力 $y_r(t)$ さえ知ることができれば，どのような入力 $u(t)$ に対する出力 $y(t)$ も表すことができる．そこで，基準となる入力 $u_r(t)$ を見つけることとする．

いま，基準となり得る入力信号として，図 2.4 のように関数を階段状に近似するときに使う，**矩形関数** $\delta_{\Delta T}(t)$ を考える．

$$\delta_{\Delta T}(t) = \begin{cases} \dfrac{1}{\Delta T} & (0 \le t < \Delta T) \\ 0 & (t < 0, \ \Delta T \le t) \end{cases} \tag{2.6}$$

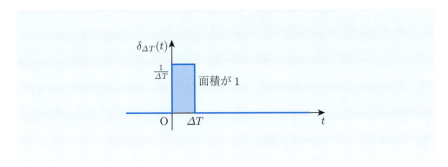

図 2.4　矩形関数

この矩形関数を $k\Delta T$ ずらすことによって，時刻 $k\Delta T$ から $\Delta T$ 間の任意の入力を $u(k\Delta T)$ の大きさで幅 $\Delta T$ の矩形で表すことにより，入力 $u(t)$ 全体を階段状の近似関数として表現することを考える．このとき，時刻 $k\Delta T$ で大きさ $u(k\Delta T)$ を持つ矩形を，$u(k\Delta T) = u(t)\delta_{\Delta T}(k\Delta T)$ と表現すると，$\Delta T$ の大小によって $\delta_{\Delta T}(t)$ の値が変化して，関数の階段近似に使えない．そこで，微小時間間隔 $\Delta T$ の変化に影響されることなく矩形関数 $\delta_{\Delta T}(t)$ を用いるために，$\delta_{\Delta T}(t)\,\Delta T = 1$（面積が 1）であることを用いる．

すなわち，入力 $u(t)$ を階段状近似関数 $\widehat{u}(t)$ で表すとし，その $k\Delta T$ 秒後の 1 つの階段 $u(k\Delta T)$ を

$$\widehat{u}(k\Delta T) = u(k\Delta T)\underbrace{\delta_{\Delta T}(t - k\Delta T)\,\Delta T}_{=1} \tag{2.7}$$

で表すとすると，任意の入力 $u(t)$ は次式の階段状近似関数 $\widehat{u}(t)$ で表される．

$$\widehat{u}(t) = \sum_{k=0}^{n} u(k\Delta T)\,\delta_{\Delta T}(t - k\Delta T)\,\Delta T \tag{2.8}$$

これは，図 2.5 のように 1 個の矩形関数 $\delta_{\Delta T}(t)$ にある時刻の入力値の大きさを乗じたものを，微小時間間隔 $\Delta T$ ずつずらして隙間のないように並べたものと考えることができる．どのような入力の場合においても，矩形関数 $\delta_{\Delta T}(t)$ の形は一切変化しないので，制御系の応答を考える際の基準入力の 1 つの候補として考え，$u(t)$ の大きさを変えないよう，積 $\delta_{\Delta T}(t)\,\Delta T$ をペアとして扱う．すなわち，前述の基準入力 $u_{\mathrm{r}}(t)$ として，次式を考えていることとなる．

$$u_{\mathrm{r}}(t) = \delta_{\Delta T}(t)\,\Delta T \tag{2.9}$$

## 2.2 動的表現の基準となる入力

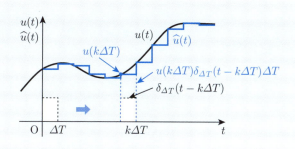

**図 2.5** 矩形関数による近似

---
**基準入力の候補：矩形関数 $\delta_{\Delta T}(t)$**

任意の入力 $u(t)$ を階段状近似することができ，その1つの階段を他でも使えるように矩形関数 $\delta_{\Delta T}(t)$ という名前をつけて定義する．矩形関数 $\delta_{\Delta T}(t)$ と，その幅に相当する微小時間間隔 $\Delta T$ の積は常に "1" であり，これは $\Delta T$ の大小に関わらず一定である．

---

このように，矩形関数 $\delta_{\Delta T}(t)$ を基準入力の候補として考え，これに対する基準出力を $g_{\Delta T}(t)$ とすると，入力 $u(t)$ を階段状近似したのと同様に，同じ重ね合わせの原理を用いて，基準出力 $g_{\Delta T}(t)$ から階段状近似された出力 $\hat{y}(t)$ を求めることができる（図 2.6）．

$$\hat{u}(t) = \sum_{k=0}^{n} u(k\,\Delta T)\,\delta_{\Delta T}(t - k\,\Delta T)\,\Delta T$$

$$\hat{y}(t) = \sum_{k=0}^{n} u(k\,\Delta T)\,g_{\Delta T}(t - k\,\Delta T)\,\Delta T \tag{2.10}$$

$\delta_{\Delta T}(t) \Rightarrow g_{\Delta T}(t)$

高校などでも行ったように，階段状近似の精度を上げるために階段の幅を狭くする（$\Delta T \to 0$）ことを考える．矩形関数 $\delta_{\Delta T}(t)$ の幅 $\Delta T$ を無限小にすることにより，矩形関数 $\delta_{\Delta T}(t)$ は次の式で形が示される**デルタ関数**（**δ 関数**）となる（図 2.7）．

$$\delta(t) = \begin{cases} \infty & (t = 0) \\ 0 & (t \neq 0) \end{cases} \tag{2.11}$$

**20** 第 2 章　系の時間領域におけるモデル化

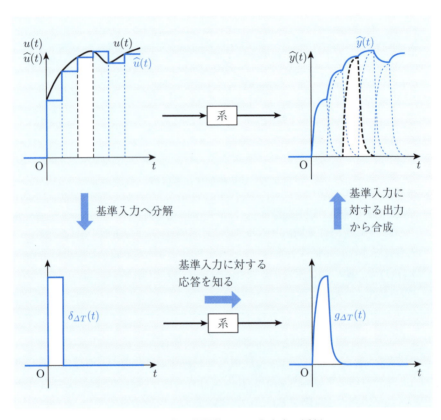

**図 2.6**　階段状関数による入出力の近似

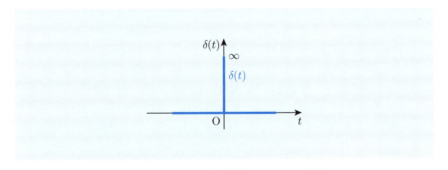

**図 2.7**　デルタ関数（単位インパルス関数）

## 2.2 動的表現の基準となる入力 **21**

また，矩形関数の面積が 1 であったことを継承して，次の重要な性質もある．

$$\int_{-\infty}^{\infty} \delta(t)\,dt = 1 \tag{2.12}$$

---
**時間領域での基準入力：デルタ関数 $\delta(t)$**

矩形関数 $\delta_{\Delta T}(t)$ の幅を無限小とした，理想的な階段状関数である．特に

$$\int_{-\infty}^{\infty} \delta(t)\,dt = 1$$

という性質が重要で，この性質を用いて，ある瞬間の関数の値を抽出することができる．

$$f(\tau) = \int_{-\infty}^{\infty} f(t)\,\delta(t-\tau)\,dt$$

---

このデルタ関数を先の矩形関数の代わりに用いて，入力を表現する．このとき，$n$ は無限大になるので，総和が積分に置き換わる．また，$\Delta T$ を使った時間軸を新たな時間変数 $\tau$ に書き改める．

$$\widehat{u}(t) = \sum_{k=0}^{n} u(k\,\Delta T)\,\delta_{\Delta T}(t - k\,\Delta T)\,\Delta T$$

$$u(t) = \int_{-\infty}^{\infty} u(\tau)\,\delta(t-\tau)\,d\tau \tag{2.13}$$

$$\delta_{\Delta T}(t) \Rightarrow \delta(t)$$

ここで，取り扱う系が線形であることを考慮すると，次のように変形される．

$$
\begin{aligned}
u(t) &= \int_{-\infty}^{\infty} u(\tau)\,\delta(t-\tau)\,d\tau \\
&= \underbrace{\int_{-\infty}^{0} u(\tau)\,\delta(t-\tau)\,d\tau}_{\substack{\text{時刻}\,t<0\,\text{では}\,u(t)=0 \\ \text{なので}\,0\,\text{になる}}} + \int_{0}^{t} u(\tau)\,\delta(t-\tau)\,d\tau \\
&\qquad\qquad + \underbrace{\int_{t}^{\infty} u(\tau)\,\delta(t-\tau)\,d\tau}_{\substack{t<\tau\,\text{（すなわち，}\,t-\tau<0\text{）では} \\ \delta(t-\tau)=0\,\text{なので}\,0\,\text{になる}}} \\
&= \int_{0}^{t} u(\tau)\,\delta(t-\tau)\,d\tau
\end{aligned}
\tag{2.14}
$$

入力 $u(t)$ が基準入力になり得るデルタ関数を用いて表現できたので，この関係を使って任意の入力 $u(t)$ に対する出力 $y(t)$ を求める．**図 2.8** のように，デルタ関数 $\delta(t)$（制御分野では**単位インパルス入力**とも呼ぶ）を入力とするとき，その出力を特別に**重み関数**（weighting function）$g(t)$ と定義する．

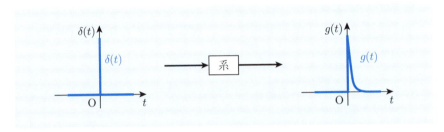

**図 2.8** デルタ関数（単位インパルス関数）と重み関数

---
**時間領域での出力特性：重み関数 $g(t)$**

デルタ関数 $\delta(t)$ を入力としたときの出力を，重み関数 $g(t)$ と定義する．これは，デルタ関数 $\delta(t)$ が理想的な基準入力であって，いかなる入力もデルタ関数 $\delta(t)$ を用いて表現できることから，これに対応する出力さえ知れば，どのような入力に対する出力も求められるからである．

一般的に制御工学では，入力が変化する瞬間を時刻 $t = 0$ とし，それまでは制御系はある一定の状態を保っていて，それらを初期値 0 として扱う．よって，時刻 $t < 0$ の範囲では，重み関数 $g(t) = 0$ である．また，デルタ関数のことを制御分野では**単位インパルス関数**と呼び，そのときの出力（すなわち，重み関数のこと）を**インパルス応答**と呼ぶ．

---

入力：矩形関数 $\delta_{\Delta T}(t)$　→　対応する出力：$g_{\Delta T}$

入力：デルタ関数 $\delta(t)$　→　対応する出力：$g(t)$（重み関数）

の関係から，入力の表現と同様にして

$$u(t) = \int_0^t u(\tau)\,\delta(t-\tau)\,d\tau$$
$$y(t) = \int_0^t u(\tau)\,g(t-\tau)\,d\tau \quad\quad (2.15)$$

入力 $\delta(t) \Rightarrow$ 出力 $g(t)$

## 2.2 動的表現の基準となる入力　　**23**

と求まる．この積分を**畳み込み積分**（convolution integral）と呼んでおり，時間領域において系の出力を求める際に用いられる．

---
**時間領域での出力：畳み込み積分**

　　デルタ関数 $\delta(t)$ を系への入力としたときの出力を重み関数 $g(t)$ と定義し，任意の入力 $u(t)$ をデルタ関数 $\delta(t)$ を用いて表現した手順にならって，任意の入力 $u(t)$ に対する出力を与える．

$$\underbrace{y(t)}_{\text{出力}} = \int_0^t \underbrace{u(\tau)}_{\text{入力}}\, \underbrace{g(t-\tau)}_{\text{重み関数}}\, d\tau$$

---

これまでの制御系の表現についての流れを順にまとめると，次のようになる．

---
**時間領域での動的表現の流れ**

① 入力の階段近似から，基準となる矩形関数を求める．

② 入力を矩形関数を用いた和で表現する．

③ 階段近似の精度を上げるため $\Delta T$ を無限小とする．

④ 矩形関数がデルタ関数（インパルス関数）へと変わる．

⑤ デルタ関数（インパルス関数）に対する出力を重み関数と定義する．

⑥ 出力を重み関数を用いた畳み込み積分で求める．

---

# 2章の問題

**2.1** 式 (2.10) を用いると，系に階段状の入力が印加された場合の（階段状の）出力が得られる（図 2.6 参照）．重み関数 $g_{\Delta T}(t)$ が

$$g_{\Delta T}(t) = \begin{cases} 1 - e^{-t/0.1} & (t < \Delta T) \\ -e^{-t/0.1} + e^{-(t-\Delta T)/0.1} & (t \geq \Delta T) \end{cases}$$

で表されるとき，次の階段状入力が印加されたときの出力を求めよ．

(1) 初めは 0  (2) $\Delta T$ まで 1  (3) $2\Delta T$ まで 3  (4) $3\Delta T$ まで 5
(5) $4\Delta T$ まで 2  (6) $5\Delta T$ まで 1  (7) それ以降は 0．

$\Delta T = 0.5$ として求めよ．

**2.2** 前問と同じ系に，次の階段状入力が印加された場合はどうか．

(1) 初めは 0  (2) $\Delta T$ まで 5  (3) $2\Delta T$ まで 0  (4) $3\Delta T$ まで 5
(5) $4\Delta T$ まで 0  (6) それ以降，(4) と (5) を $10\Delta T$ まで繰り返し
(7) その後は 0．

$\Delta T = 0.05$ として求めよ．

# 第3章
# 周波数領域におけるモデル化

　制御系が線形であることを利用して任意の入力に対する出力を求めるため，基準となる入力を1つ選択し，その基準入力に対する出力を知ることを前章で学んだ．時間領域において，基準入力はデルタ関数（以下，単位インパルス関数）$\delta(t)$ であり，その基準入力に対する出力は重み関数 $g(t)$ であった．また，任意の入力 $u(t)$ に対する出力 $y(t)$ は畳み込み積分で求まることも学んだ．しかし，畳み込み積分で複雑な系の出力を求めることは容易ではない．そこで，一旦，時間領域を離れて，周波数領域でより簡便な取扱いを学ぶ．

**26**　　　　　　　第3章　周波数領域におけるモデル化

## 3.1　時間領域から周波数領域への移行

これまでの制御系の表現についての流れを順にまとめると，次のようになる．

---
**時間領域での動的表現の流れ**

① 入力の階段近似から，基準となる矩形関数 $\delta_{\Delta T}(t)$ を求める．

② 入力を矩形関数 $\delta_{\Delta T}(t)$ を用いた和で表現する．

③ 階段近似の精度を上げるため $\Delta T$ を無限小とする．

④ 矩形関数 $\delta_{\Delta T}(t)$ が単位インパルス関数 $\delta(t)$ へと変わる．

⑤ 単位インパルス関数 $\delta(t)$ に対する出力を重み関数 $g(t)$ と定義する．

⑥ 出力を重み関数 $g(t)$ を用いた畳み込み積分で求める．

---

いま，この流れを実現しようとしたときに問題となりそうなことは，単位インパルス関数 $\delta(t)$ の時間幅 $\Delta T$ が無限小で，かつそのときの関数の大きさが無限大であることである．実験装置を用いて実験から重み関数を求めるときのことを想像すれば，時間幅 $\Delta T$ が無限小で，そのときの大きさが無限大である信号を作り出すことは難しいことが分かる．そこで，無限大の大きさを持つ単位インパルス関数 $\delta(t)$ を，有限の大きさを持つ関数で置き換えることを考える．

単位インパルス関数 $\delta(t)$ が偶関数であることを考慮して，図 3.1 のように振幅 1 の数多くの余弦波（cos 関数）を用いて合成することを試みる．いかなる $\omega$ に対しても

$$\cos(\omega t)\big|_{t=0} = 1$$

であるから，角周波数 $\omega$ が異なる無限個の余弦波の総和は，$t = 0$ で無限大となることは容易にイメージできる．これを，次式で示す．ここで，$\omega_0$ は十分に小さい角周波数である．

$$\widehat{\delta}(t) = \frac{\omega_0}{2\pi} \sum_{n=-\infty}^{\infty} \cos(n\,\omega_0 t) \tag{3.1}$$

上の式の $\omega_0$ をさらに微小にして近似の精度を向上させると，無限和が積分に置き換わって，次式のように示される（数学的証明は省略する）．

単位インパルス関数 $\delta(t)$ の別表現：

$$\delta(t) = \frac{1}{2\pi} \int_{-\infty}^{\infty} \cos(\omega t)\, d\omega \tag{3.2}$$

3.1 時間領域から周波数領域への移行　　**27**

**図 3.1**　単位インパルス関数の余弦波での近似

　畳み込み積分によって任意の入力に対する出力を求めるためには，単位インパルス関数 $\delta(t)$ に対する出力（重み関数）を知ることが重要であることが明らかだが，その単位インパルス関数 $\delta(t)$ を実現することは困難である．一方で，単位インパルス関数 $\delta(t)$ が無限個の余弦波の和に置換できることから，重み付けの異なるあらゆる周波数の余弦波の和として入力が表現できることが分かる．

---
**単位インパルス関数の利用から余弦波（cos 関数）の利用へ**

$$u(t) = \int_{-\infty}^{\infty} u(\tau)\,\delta(t-\tau)\,d\tau$$

$\Big\downarrow$ $\delta(t)$ を振幅 1 で $\omega$ が異なる cos 関数の無限和に置換

$$u(t) = \int_{-\infty}^{\infty} u(\tau)\,(\text{無限個の cos 関数の和})\,d\tau$$
$$= (\text{無限個の和}) \int_{-\infty}^{\infty} u(\tau)\,(\text{cos 関数})\,d\tau$$

入力 $u(t)$ は異なる周波数 $\omega$ の余弦波の無限和で表現できる．

$\Big\downarrow$ 振幅 1 の cos 関数を $\omega$ を変えながら 1 つずつ系に入力

振幅と位相が変化した周波数 $\omega$ の余弦波が，1 つずつ無限個出力される．
$$y(t) = (\text{無限個の和}) \int_{-\infty}^{\infty} u(\tau)\,(\text{振幅と位相が変化した cos 関数})\,d\tau$$

---

　出力は，図 3.2 に示すように，周波数の異なる 1 つ 1 つの余弦波に対する出力を別個に求めておき，入力を無数の余弦波に分解したルール（各余弦波の重み）に従った総和によって求めることができる．

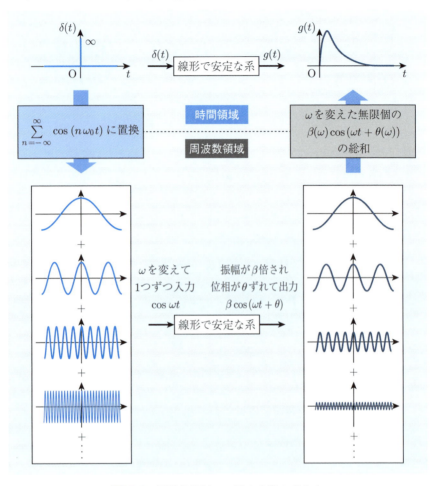

図 3.2　周波数領域での系の応答の考え方

### ● 周波数領域での考え方の原点 ●

単位インパルス関数 $\delta(t)$ の別表現は，単位インパルス関数 $\delta(t)$ が振幅 1 の無数の余弦波に分解できることを示している．重ね合わせの原理によって，単位インパルス関数 $\delta(t)$ を入力して出力を得る代わりに，角周波数 $\omega$ の異なる無数の余弦波を 1 つずつ入力し，出力として得られる振幅と位相が変化した余弦波を無数に集め，その総和を系の出力とする．

## 3.1 時間領域から周波数領域への移行

ある線形で安定な系に振幅 1,角周波数 $\omega$ の余弦波が入力されたとき,(定常な状態になっているときの)出力 $y(t)$ がどうなるか考える.図 3.3 に示すように,線形で安定な系に余弦波が入力されると,(十分時間が経過して初期状態に依存する過渡項が消え,定常状態では)出力にも同様に余弦波が現れる.しかし,入力と比較すると,その振幅は $\beta$ となり,位相も $\theta$ ずれている.振幅 $\beta$ と位相 $\theta$ の変化は,入力される余弦波の角周波数 $\omega$ に依存するので,それぞれ $\beta(\omega)$ と $\theta(\omega)$ と表す.入力された余弦波より出力される余弦波が遅延する場合,位相 $\theta(\omega)$ は負となり,「位相が遅れている」と表現する.同様に,出力が先行する場合,位相 $\theta(\omega)$ は正となり,「位相が進んでいる」と表現する.機械系要素の場合,位相は遅れて負となる場合が多い.

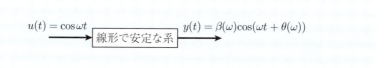

図 3.3 入出力間の振幅と位相の変化(**1**)

この現象は正弦波(sin 関数)を入力した場合にも同様に考えられることから,余弦波・正弦波の入力を併せて指数関数を用いて表現すると図 3.4 のようになる.

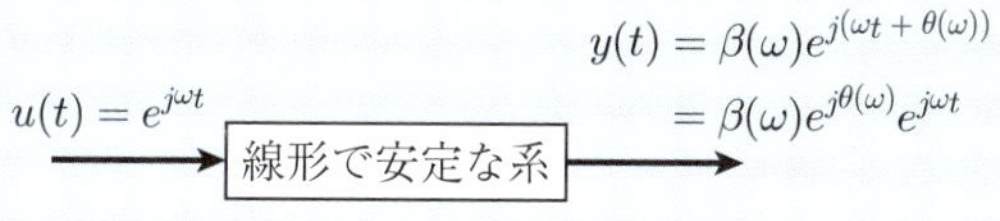

$$u(t) = e^{j\omega t} \longrightarrow \boxed{\text{線形で安定な系}} \longrightarrow \begin{aligned} y(t) &= \beta(\omega) e^{j(\omega t + \theta(\omega))} \\ &= \beta(\omega) e^{j\theta(\omega)} e^{j\omega t} \end{aligned}$$

図 3.4 入出力間の振幅と位相の変化(**2**)

ここで,$\beta(\omega)$ は**振幅特性(ゲイン特性)**,$\theta(\omega)$ は**位相特性**と呼ばれ,前述のように角周波数 $\omega$ の関数である.振幅特性と位相特性の 2 特性を併せて表現するため,振幅特性を複素平面上でのベクトルの長さ,位相特性を複素平面上でのベクトルの偏角とみなして,次のように表現する.

$$G(j\omega) = \beta(\omega)\, e^{j\theta(\omega)}$$

$$\beta(\omega) = \left| G(j\omega) \right| \tag{3.3}$$

$$\theta(\omega) = \angle G(j\omega) \tag{3.4}$$

この $G(j\omega)$ を，**周波数伝達関数**（frequency transfer function）と呼ぶ.

---
**周波数伝達関数：角周波数 $\omega$ の三角関数入力が伝達される様子**

　周波数伝達関数 $G(j\omega)$ は，ある角周波数 $\omega$ の余弦波（正弦波）を入力したときの定常状態の出力について，その振幅特性 $\beta(\omega)$ と位相特性 $\theta(\omega)$ を使って伝達の様子を示している．あらゆる角周波数 $\omega$ について，これらの2特性を考慮した余弦波（正弦波）の無限和から，重み関数 $g(t)$ が得られるはずである．なぜなら，重み関数 $g(t)$ はあらゆる角周波数の余弦波の和として定義された単位インパルス関数 $\delta(t)$ に対する出力であり，系は線形で重ね合わせの原理が成り立っているので，角周波数 $\omega$ の異なる無限個の余弦波の入力に対し，周波数伝達関数 $G(j\omega)$ により得られる個々の振幅 $|G(j\omega)|$（振幅特性）と位相 $\angle G(j\omega)$（位相特性）を考慮した余弦波出力の無限和が重み関数となる.

---

いま，十分に小さい角周波数を $\omega_0$ とおき，その周期 $T$ が十分に長いとすると

$$
\begin{aligned}
g(t) &= \frac{1}{T} \sum_{n=-\infty}^{\infty} \beta(n\omega_0)\, e^{j\theta(n\omega_0)}\, e^{jn\omega_0 t} \\
&= \frac{\omega_0}{2\pi} \sum_{n=-\infty}^{\infty} \beta(n\omega_0)\, e^{j\theta(n\omega_0)}\, e^{jn\omega_0 t} \\
&= \frac{1}{2\pi} \sum_{n=-\infty}^{\infty} \beta(n\omega_0)\, e^{j\theta(n\omega_0)}\, e^{jn\omega_0 t}\, \omega_0
\end{aligned}
$$

$$\beta(n\omega_0) = \left| G(jn\omega_0) \right| \tag{3.5}$$

$$\theta(n\omega_0) = \angle G(jn\omega_0) \tag{3.6}$$

となる．いま，式中の $\omega_0$ を非常に微小な $d\omega$ とすることによって無限和を積分で置き換え，$n\omega_0$ を $\omega$ とおけば

3.1　時間領域から周波数領域への移行　　**31**

$$g(t) = \frac{1}{2\pi} \int_{-\infty}^{\infty} \beta(\omega)\, e^{j\theta(\omega)}\, e^{j\omega t}\, d\omega$$

$$= \frac{1}{2\pi} \int_{-\infty}^{\infty} G(j\omega)\, e^{j\omega t}\, d\omega \tag{3.7}$$

となり，周波数伝達関数 $G(j\omega)$ の逆フーリエ変換が重み関数 $g(t)$ であることが分かる（係数 $1/2\pi$ について，角周波数 $\omega \leftrightarrow$ 時間 $t$ の場合には必要だが，周波数 $f \leftrightarrow$ 時間 $t$ の場合には不必要．詳細は，数学関連の書物を参照すること）．

また，逆に，重み関数 $g(t)$ をフーリエ変換すると，周波数伝達関数 $G(j\omega)$ となるといえるので，次のように表すことができる．

$$G(j\omega) = \int_{-\infty}^{\infty} g(t)\, e^{-j\omega t}\, dt \tag{3.8}$$

---

**周波数伝達関数 $G(j\omega)$ の意味 (1)**

　角周波数 $\omega$ の余弦波（正弦波）入力に対する定常状態の余弦波（正弦波）出力について

- 振幅特性 $\beta(\omega)$ と位相特性 $\theta(\omega)$ を併せて示すもの
- 振幅特性 $\beta(\omega) = |G(j\omega)|$,
  位相特性 $\theta(\omega) = \angle G(j\omega)$
- 重み関数 $g(t) \underset{\mathcal{F}^{-1}}{\overset{\mathcal{F}}{\rightleftharpoons}}$ 周波数伝達関数 $G(j\omega)$（記号 $\mathcal{F}$ はフーリエ変換）

---

**32**　　第 3 章　周波数領域におけるモデル化

## 3.2　任意の入力に対する出力

　前節で，周波数伝達関数 $G(j\omega)$ と重み関数 $g(t)$ の関係が明確になったが，周波数伝達関数 $G(j\omega)$ を用いて任意の入力 $u(t)$ に対する出力 $y(t)$ が求められるだろうか．いま，任意の入力 $u(t)$ を単位インパルス関数 $\delta(t)$ のように余弦波の無限和で表してみよう．ただし，単位インパルス関数 $\delta(t)$ は偶関数で，かつ $t = 0$ のときに無限大の大きさであった．そのため，振幅 1 で位相のずれのない余弦波の無限和という単純な形になった．しかし，任意の入力を表すためには角周波数 $\omega$ ごとに振幅や位相を変化させることを考えるため，それぞれの角周波数 $\omega$ に対する振幅特性を $\gamma(\omega)$，位相特性を $\phi(\omega)$ とする．これら 2 つの特性を併せて $U(j\omega)$ と書けば，入力 $u(t)$ の角周波数 $\omega$ の成分 $\widetilde{u}_\omega(t)$ は

$$
\begin{aligned}
\widetilde{u}_\omega(t) &= \gamma(\omega)\, e^{j\omega t}\, e^{j\phi(\omega)} \\
&= \gamma(\omega)\, e^{j(\omega t + \phi(\omega))} \\
\gamma(\omega) &= \left| U(j\omega) \right| \\
\phi(\omega) &= \angle U(j\omega)
\end{aligned}
\tag{3.9}
$$

と書くことができる．

　この入力 $u(t)$ のある角周波数 $\omega$ の成分 $\widetilde{u}_\omega(t)$ を周波数伝達関数 $G(j\omega)$ の（線形で安定な）系に，定常状態が得られるように十分遠い過去 $(-\infty)$ から加えたとする．このとき，定常状態出力は振幅は $\beta(\omega)\ (= |G(j\omega)|)$ 倍され，位相はさらに $\theta(\omega)\ (= \angle G(j\omega))$ ずれるので，出力 $y(t)$ の角周波数 $\omega$ の成分 $\widetilde{y}_\omega(t)$ は次のように表される．

$$
\begin{aligned}
\widetilde{y}_\omega(t) &= \gamma(\omega)\, \beta(\omega)\, e^{j\omega t}\, e^{j\phi(\omega)}\, e^{j\theta(\omega)} \\
&= \gamma(\omega)\, \beta(\omega)\, e^{j(\omega t + \phi(\omega) + \theta(\omega))}
\end{aligned}
\tag{3.10}
$$

　重み関数 $g(t)$ のときのように，十分に小さい角周波数 $\omega_0$ を考え，角周波数 $n\omega_0$ の $n$ が $-\infty$ から $\infty$ まで無限個存在してそれらの総和として考え

$$
\omega_0 \to d\omega
$$

の微小化を考えると積分に置き換えられるので，次式となる．

$$y(t) = \frac{1}{2\pi} \sum_{n=-\infty}^{\infty} \gamma(n\omega_0)\,\beta(n\omega_0)\,e^{jn\omega_0 t}\,e^{j\phi(n\omega_0)}\,e^{j\theta(n\omega_0)}\omega_0$$

$\omega_0$ の微小化による積分への置換え

$$y(t) = \frac{1}{2\pi} \int_{-\infty}^{\infty} \gamma(\omega)\,\beta(\omega)\,e^{j(\omega t + \phi(\omega) + \theta(\omega))}\,d\omega$$

$$= \frac{1}{2\pi} \int_{-\infty}^{\infty} \underbrace{\underbrace{\beta(\omega)\,e^{j(\theta(\omega))}}_{G(j\omega)}\,\underbrace{\gamma(\omega)\,e^{j(\phi(\omega))}}_{U(j\omega)}}_{Y(j\omega)}\,e^{j\omega t}\,d\omega$$

$$= \frac{1}{2\pi} \int_{-\infty}^{\infty} Y(j\omega)\,e^{j\omega t}\,d\omega \tag{3.11}$$

となり，$Y(j\omega)$ の逆フーリエ変換が出力 $y(t)$ であることが分かる．

また，逆に，出力 $y(t)$ をフーリエ変換すると，$Y(j\omega)$ となるといえるので

$$Y(j\omega) = \int_{-\infty}^{\infty} y(t)\,e^{-j\omega t}\,dt \tag{3.12}$$

のように表すことができる．さらに，出力のフーリエ変換 $Y(j\omega)$ に関して

$$Y(j\omega) = G(j\omega)U(j\omega) \tag{3.13}$$

という非常に大切な関係が得られると同時に，周波数伝達関数 $G(j\omega)$ に関して次の関係が得られる．

$$G(j\omega) = \frac{Y(j\omega)}{U(j\omega)} \tag{3.14}$$

---

**周波数伝達関数 $G(j\omega)$ の意味 (2)**

　角周波数 $\omega$ の余弦波（正弦波）入力に対する定常状態の余弦波（正弦波）出力について

- 振幅特性 $\beta(\omega)$ と位相特性 $\theta(\omega)$ を併せて示すもの
- 振幅特性 $\beta(\omega) = |G(j\omega)|$，位相特性 $\theta(\omega) = \angle G(j\omega)$
- 重み関数 $g(t) \underset{\mathcal{F}^{-1}}{\overset{\mathcal{F}}{\rightleftharpoons}}$ 周波数伝達関数 $G(j\omega)$ （記号 $\mathcal{F}$ はフーリエ変換）
- $G(j\omega) = \dfrac{Y(j\omega)}{U(j\omega)} = \dfrac{出力のフーリエ変換}{入力のフーリエ変換}$

**34**　　　　　　　第 3 章　周波数領域におけるモデル化

　これらの結果から，ある（線形で安定な）系の任意の入力と出力とを関連付ける入出力表現は，次のようになる．

$$\boxed{時 間 領 域}:\ y(t) = \int_0^t u(\tau)\, g(t-\tau)\, d\tau \quad (畳み込み積分) \quad (3.15)$$

（フーリエ変換）↓　　↑（逆フーリエ変換）

$$\boxed{周波数領域}:\ Y(j\omega) = G(j\omega)\, U(j\omega) \qquad\qquad (3.16)$$

　時間領域での表現と周波数領域での表現との違いは，時間領域では畳み込み積分によって演算されていたものが，周波数領域では単なる積となっていることである．いくつもの要素（例えば，制御対象，検出部，調節部，操作部など）が相互につながって信号をやり取りしている制御系全体を考えるとき，ある要素の畳み込み積分の結果を基に，次の畳み込み積分を行うのは大変な作業である．周波数領域で制御系の応答を議論することにより，信号の相互の流れを積の形で単純に計算でき，大きな利点となる．

■ **例題 3.1** ■

　3つの系が直列に連なる大きな系の出力を，時間領域と周波数領域の2つの方法で求めよ．

**【解答】**　時間領域での解：系 1 の入力を $u_1(t)$，出力を $y_1(t)$，重み関数を $g_1(t)$ とし，系 2，系 3 も同様に，$u_2(t)$, $y_2(t)$, $g_2(t)$, $u_3(t)$, $y_3(t)$, $g_3(t)$ とする．系 1，系 2，系 3 の出力は畳み込み積分によりそれぞれ

$$y_1(t) = \int_0^t u_1(\tau)\, g_1(t-\tau)\, d\tau$$

$$y_2(t) = \int_0^t u_2(\tau)\, g_2(t-\tau)\, d\tau$$

$$y_3(t) = \int_0^t u_3(\tau)\, g_3(t-\tau)\, d\tau$$

となる．系 1，系 2，系 3 の順に直列に連結されているとすると，系 2 の入力は系 1 の出力，系 3 の入力は系 2 の出力なので，$u_2(t)$ に $y_1(t)$，$u_3(t)$ に $y_2(t)$ を代入して

$$y_3(t) = \int_0^t \left\{ \int_0^t \left( \int_0^t u_1(\tau)\, g_1(t-\tau)\, d\tau \right) g_2(t-\tau)\, d\tau \right\} g_3(t-\tau)\, d\tau$$

**周波数領域での解**：系 1 の入力を $U_1(j\omega)$，出力を $Y_1(j\omega)$，重み関数を $G_1(j\omega)$ とし，系 2，系 3 も同様に，$U_2(j\omega)$, $Y_2(j\omega)$, $G_2(j\omega)$, $U_3(j\omega)$, $Y_3(j\omega)$, $G_3(j\omega)$ とする．系 1，系 2，系 3 の出力は入力と周波数伝達関数との積で，それぞれ

$$Y_1(j\omega) = G_1(j\omega)\, U_1(j\omega)$$

$$Y_2(j\omega) = G_2(j\omega)\, U_2(j\omega)$$

$$Y_3(j\omega) = G_3(j\omega)\, U_3(j\omega)$$

となる．系 1，系 2，系 3 の順に直列に連結されているとすると，系 2 の入力は系 1 の出力，系 3 の入力は系 2 の出力なので，$U_2(j\omega)$ に $Y_1(j\omega)$，$U_3(j\omega)$ に $Y_2(j\omega)$ を代入して次のように求まる．

$$Y_3(j\omega) = G_3(j\omega)\, G_2(j\omega)\, G_1(j\omega)\, U_1(j\omega)$$

　図 3.5 にあるように，後段の系の入力は前段の系の出力となるため，時間領域で考える場合，後段の出力を求める畳み込み積分の中に前段の出力を求める畳み込み積分が含まれる．つながる系の数が増えるにつれ，最終出力を求めるための畳み込み積分は複雑になり，系の出力を求めることが困難になる．

　一方，周波数領域では，系の出力は単純な積の形で求めることができるため，図 3.5(e) にあるように独立した系をまとめて 1 つの大きな系として扱うことも可能となる．

　これらが，制御工学において周波数領域の考え方を用いる理由である．

---

**周波数領域での入出力の扱い**

- 周波数伝達関数：$G(j\omega) = \dfrac{Y(j\omega)}{U(j\omega)} = \dfrac{\text{出力のフーリエ変換}}{\text{入力のフーリエ変換}}$
- 振幅特性：$\beta(\omega) = |G(j\omega)|$
- 位相特性：$\theta(\omega) = \angle G(j\omega)$
- 出力のフーリエ変換：$Y(j\omega) = G(j\omega)\, U(j\omega)$

複雑な系を上の性質を使って，まとめる．

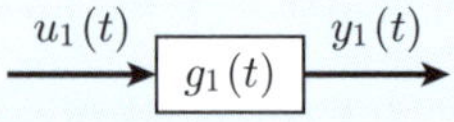

$$u_1(t) \xrightarrow{\quad} \boxed{g_1(t)} \xrightarrow{\quad} y_1(t)$$

$$y_1(t) = \int_0^t u_1(\tau)g_1(t-\tau)d\tau$$

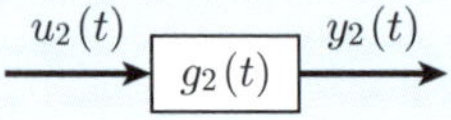

$$u_2(t) \xrightarrow{\quad} \boxed{g_2(t)} \xrightarrow{\quad} y_2(t) \qquad u_3(t) \xrightarrow{\quad} \boxed{g_3(t)} \xrightarrow{\quad} y_3(t)$$

$$y_2(t) = \int_0^t u_2(\tau)g_2(t-\tau)d\tau \qquad y_3(t) = \int_0^t u_3(\tau)g_3(t-\tau)d\tau$$

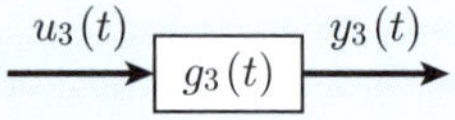

(a)  時間領域での 3 つの独立した系

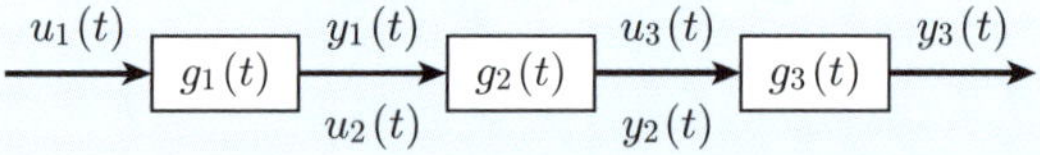

$$u_1(t) \xrightarrow{\quad} \boxed{g_1(t)} \xrightarrow[u_2(t)]{y_1(t)} \boxed{g_2(t)} \xrightarrow[y_2(t)]{u_3(t)} \boxed{g_3(t)} \xrightarrow{\quad} y_3(t)$$

$$y_3(t) = \int_0^t \left\{ \int_0^t \left( \int_0^t u_1(\tau)g_1(t-\tau)dt \right) g_2(t-\tau)d\tau \right\} g_3(t-\tau)d\tau$$

(b)  時間領域で考えたときの最終出力

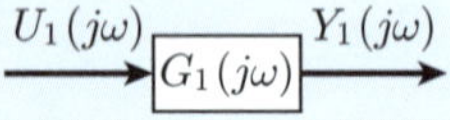

$$U_1(j\omega) \xrightarrow{\quad} \boxed{G_1(j\omega)} \xrightarrow{\quad} Y_1(j\omega)$$

$$Y_1(j\omega) = G_1(j\omega)U_1(j\omega)$$

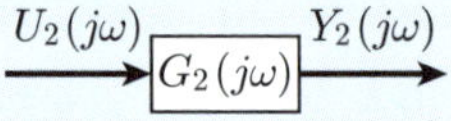

$$U_2(j\omega) \xrightarrow{\quad} \boxed{G_2(j\omega)} \xrightarrow{\quad} Y_2(j\omega) \qquad U_3(j\omega) \xrightarrow{\quad} \boxed{G_3(j\omega)} \xrightarrow{\quad} Y_3(j\omega)$$

$$Y_2(j\omega) = G_2(j\omega)U_2(j\omega) \qquad Y_3(j\omega) = G_3(j\omega)U_3(j\omega)$$

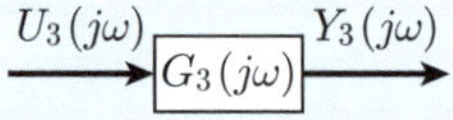

(c)  周波数領域での 3 つの独立した系

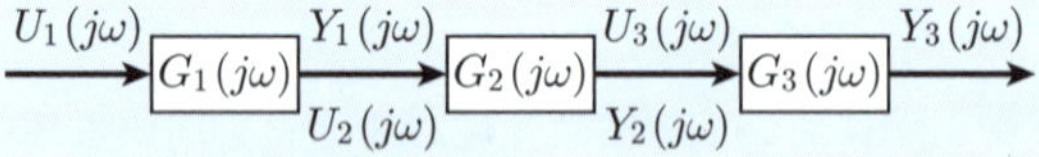

$$U_1(j\omega) \xrightarrow{\quad} \boxed{G_1(j\omega)} \xrightarrow[U_2(j\omega)]{Y_1(j\omega)} \boxed{G_2(j\omega)} \xrightarrow[Y_2(j\omega)]{U_3(j\omega)} \boxed{G_3(j\omega)} \xrightarrow{\quad} Y_3(j\omega)$$

$$Y_3(j\omega) = G_3(j\omega)G_2(j\omega)G_1(j\omega)U_1(j\omega)$$

(d)  周波数領域で考えたときの最終出力 $Y_3(j\omega)$

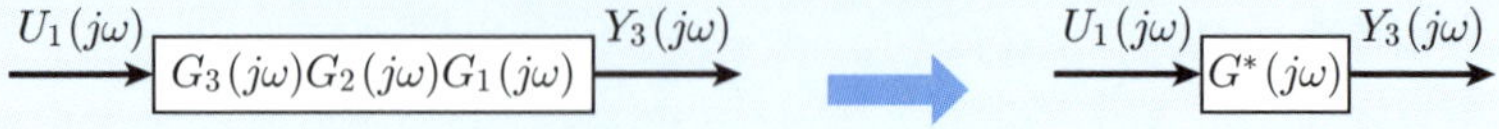

$$U_1(j\omega) \xrightarrow{\quad} \boxed{G_3(j\omega)G_2(j\omega)G_1(j\omega)} \xrightarrow{\quad} Y_3(j\omega) \qquad\Longrightarrow\qquad U_1(j\omega) \xrightarrow{\quad} \boxed{G^*(j\omega)} \xrightarrow{\quad} Y_3(j\omega)$$

$$Y_3(j\omega) = G_3(j\omega)G_2(j\omega)G_1(j\omega)U_1(j\omega) \qquad Y_3(j\omega) = G^*(j\omega)U_1(j\omega)$$

(e)  周波数領域で考える 3 つの系の合成 $G^*(j\omega)$

図 3.5  **3 つの系を結合したときの最終出力**

## 3.3 周波数伝達関数による系の特性の定量化

周波数伝達関数 $G(j\omega)$ は，振幅 1 である角周波数 $\omega$ の余弦波 $\cos(\omega t)$ が入力されたとき，出力は振幅 $\beta(\omega)$ 倍され，位相が $\theta(\omega)$ ずれた余弦波 $\beta(\omega)\cos(\omega t + \theta(\omega))$ となる．余弦波 $\cos(\omega t)$ が $e^{j\omega t}$ の実部であるので，$\cos(\omega t)$ の代わりに $e^{j\omega t}$ を用いて表すと，入力 $e^{j\omega t}$ に対する出力 $Y(j\omega)$ は，以下のように求められた．

$$
\begin{aligned}
Y(j\omega) &= \beta(\omega)\,e^{j(\omega t + \theta(\omega))} \\
&= \underbrace{\beta(\omega)\,e^{j\theta(\omega)}}_{G(j\omega)}\,e^{j\omega t} \\
&= G(j\omega)\,e^{j\omega t}
\end{aligned}
\tag{3.17}
$$

これより，周波数伝達関数 $G(j\omega)$ と，振幅特性 $\beta(\omega)$ と位相特性 $\theta(\omega)$ との間には，以下の関係があることが分かる．

振幅特性：

$$
\beta(\omega) = \big|G(j\omega)\big| = \sqrt{(\mathrm{Re}\{G(j\omega)\})^2 + (\mathrm{Im}\{G(j\omega)\})^2}
\tag{3.18}
$$

位相特性：

$$
\theta(\omega) = \angle G(j\omega) = \tan^{-1}\left(\frac{\mathrm{Im}\{G(j\omega)\}}{\mathrm{Re}\{G(j\omega)\}}\right)
\tag{3.19}
$$

ここで，$\mathrm{Re}\{G(j\omega)\}$ は周波数伝達関数 $G(j\omega)$ の実部，$\mathrm{Im}\{G(j\omega)\}$ は周波数伝達関数 $G(j\omega)$ の虚部である．このように，振幅特性 $\beta(\omega)$ と位相特性 $\theta(\omega)$ は，伝達関数 $G(s)$ で示される系が安定である場合に角周波数 $\omega$ のみの関数として表現され，横軸に角周波数 $\omega$ を取った**ボード線図**（Bode diagram）や，振幅特性 $\beta(\omega)$ を半径にして位相特性 $\theta(\omega)$ を偏角としたベクトル軌跡のような特性図として表現される．

ボード線図は制御系設計などに留まらず，センサやスピーカなどの要素の特性表現として広く用いられている．横軸には角周波数 $\omega$ [rad/s] をとり，縦軸に振幅特性を dB（デシベル）表示した振幅比（ゲイン）線図と，縦軸に位相特性を度数 [deg] 表示した位相線図の 1 組の線図を用い，角周波数による特性変化を表現している．

― ボード線図が示すもの ―――――――――――――――

振幅比（ゲイン）線図の縦軸：

$$|G(j\omega)| = \sqrt{\{\mathrm{Re}\{G(j\omega)\}\}^2 + \{\mathrm{Im}\{G(j\omega)\}\}^2}$$
$$= \frac{\text{出力振幅}}{\text{入力振幅}} \quad \Leftarrow \text{ある } \omega \text{ の場合}$$
$$= 20\log_{10}\left(\frac{\text{出力振幅}}{\text{入力振幅}}\right) \ [\mathrm{dB}] \tag{3.20}$$

位相特性：

$$\theta(\omega) = \angle G(j\omega)$$
$$= \tan^{-1}\left(\frac{\mathrm{Im}\{G(j\omega)\}}{\mathrm{Re}\{G(j\omega)\}}\right) \ [\mathrm{deg}] \tag{3.21}$$

同一のグラフの中で，度数 [deg] と弧度数 [rad] が混在するので，気を付けよう．

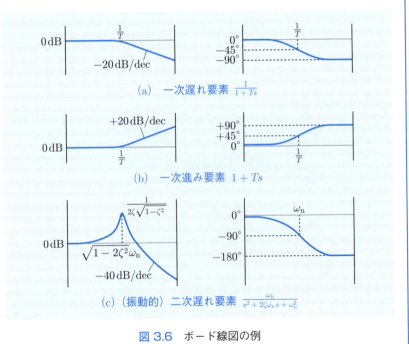

図 3.6　ボード線図の例

## 3.3 周波数伝達関数による系の特性の定量化

**39**

■ **例題 3.2** ■

周波数伝達関数 $G(j\omega)$ が次で表されているとき，振幅特性と位相特性を求めなさい．

$$G(j\omega) = \frac{K}{j\omega(1 + jT\omega)} \tag{3.22}$$

【**解答**】 与式を有理化して，実部と虚部に分ける．

$$\begin{aligned}
G(j\omega) &= \frac{K}{j\omega(1 + jT\omega)} \\
&= \frac{jK\,(1 - jT\omega)}{-\omega(1 + jT\omega)(1 - jT\omega)} \\
&= \frac{jK\,(1 - jT\omega)}{-\omega(1 + T^2\omega^2)} \\
&= \frac{-K\,T\omega}{\omega(1 + T^2\omega^2)} - j\frac{K}{\omega(1 + T^2\omega^2)}
\end{aligned}$$

よって，振幅特性と位相特性は，次式となる．

振幅特性：

$$\begin{aligned}
\left|G(j\omega)\right| &= \sqrt{(\mathrm{Re}\{G(j\omega)\})^2 + (\mathrm{Im}\{G(j\omega)\})^2} \\
&= \sqrt{\left\{\frac{-K\,T\omega}{\omega(1 + T^2\omega^2)}\right\}^2 + \left\{-\frac{K}{\omega(1 + T^2\omega^2)}\right\}^2} \\
&= \frac{K}{\omega(1 + T^2\omega^2)}\,\sqrt{(-T\omega)^2 + (-1)^2} \\
&= \frac{K}{\omega\sqrt{1 + T^2\omega^2}}
\end{aligned}$$

位相特性：

$$\begin{aligned}
\angle G(j\omega) &= \tan^{-1}\left(\frac{\mathrm{Im}\{G(j\omega)\}}{\mathrm{Re}\{G(j\omega)\}}\right) \\
&= \tan^{-1}\left(\frac{-K}{-K\,T\omega}\right) \\
&= \tan^{-1}\left(\frac{1}{T\omega}\right)
\end{aligned}$$

# 3章の問題

**3.1** 次の周波数伝達関数の，振幅特性と位相特性を求めよ.

(1)

$$G(j\omega) = \frac{K}{(1 + jT_1\omega)(1 + jT_2\omega)}$$

(2)

$$G(j\omega) = \frac{K(c + j\omega)}{(a + j\omega)(b + j\omega)}$$

(3)

$$G(j\omega) = K\left(1 + \frac{1}{T_\mathrm{I} j\omega}\right)$$

(4)

$$G(j\omega) = K\left(1 + \frac{1}{T_\mathrm{I} j\omega} + T_\mathrm{D} j\omega\right)$$

# 第4章

# $s$ 領域における モデル化

　時間領域でのモデル化の次に周波数領域でのモデル化，つまり周波数伝達関数について学修した．その結果，系の最終の出力は時間領域での畳み込み積分から単純な積の形に変わり，複雑な系でも考えやすくなった．本章では，周波数伝達関数の考えをもう少し拡張して，どのような系でも扱うことができるモデル化について学修する．

# 4.1 ラプラス変換による系の表現

前章では，周波数領域で制御系の応答を議論することの便利さを示したが，この展開の中で問題となるのは

- 線形で安定な系とする
- 各信号は $t < 0$ で $0$ である
- 各信号は絶対積分可能でなければならない

などの，話を進めていく上での数学的仮定である．

いま取り扱っている系は，安定かどうかも不明であり，また入力としてどんなものが印加されるかも判らない．その場合は，どのようにして系を表現すればいいのだろうか．

周波数領域での理論展開（特に，フーリエ変換）の中で最も多く出てくる数学的仮定は，「各信号が絶対積分可能である」ことと「系が安定である」ということである．しかし，対象とする系が常に安定であることを仮定することは，不可能である．たとえば，倒立振子などは不安定な系のひとつであるが，このままでは制御を行うことができなくなる．そこで，対象とする系のフーリエ変換をいつも可能にするには，どうしたらいいかを考える．

時間領域での系の特性である重み関数 $g(t)$ の性質として，次のことが知られている．

(1) $t < 0$ では $g(t) = 0$ である．

(2) 重み関数 $g(t)$ は指数位である．すなわち，$g(t) < Me^{at}$ を満たす定数 $M$ と $a$ が存在する．

性質 (2) の定数 $M$ と $a$ は適宜決めれば良いので，たとえば $M = 1$ として

$$g(t) < e^{at} \tag{4.1}$$

となる定数 $a$ を見出すこともできる．すなわち，不安定な系の重み関数 $g(t)$ は時間の経過とともに発散していくが，その発散速度よりもさらに早く発散する $e^{at}$ という関数をみつけることができるということである．

発散する（不安定な）重み関数 $g(t)$ を強制的に無限時間で $0$ に収束させるため，重み関数 $g(t)$ よりもさらに早く発散する関数 $e^{at}$ の逆数 $e^{-at}$ を乗じて，新

## 4.1 ラプラス変換による系の表現

たな重み関数 $g_{\mathrm{L}}(t)$ を作る.

$$g_{\mathrm{L}}(t) = g(t)\, e^{-at} \tag{4.2}$$

図 4.1 にあるように,$e^{-at}$ を乗じて作った新たな重み関数 $g_{\mathrm{L}}(t)$ は,絶対積分可能になって,フーリエ変換が可能になるので,これまでの周波数領域の展開がそのまま使えるようになる.よって,重み関数 $g(t)$ に替えて新たな重み関数 $g_{\mathrm{L}}(t)$ をフーリエ変換することにより,新たな周波数伝達関数 $G_{\mathrm{L}}(j\omega)$ を求める.

$$
\begin{aligned}
G_{\mathrm{L}}(j\omega) &= \int_{-\infty}^{\infty} g_{\mathrm{L}}(t)\, e^{-j\omega t}\, dt \\
&= \int_{-\infty}^{\infty} g(t)\, e^{-at}\, e^{-j\omega t}\, dt \\
&= \underbrace{\int_{-\infty}^{0} g(t)\, e^{-at}\, e^{-j\omega t}\, dt}_{g(t)=0\,\text{なので}\,0\,\text{となる}} + \int_{0}^{\infty} g(t)\, e^{-at}\, e^{-j\omega t}\, dt \\
&= \int_{0}^{\infty} g(t)\, e^{-(a+j\omega)t}\, dt \tag{4.3}
\end{aligned}
$$

ここで

$$s = a + j\omega \tag{4.4}$$

とおくと

$$
\begin{aligned}
G_{\mathrm{L}}(j\omega) &= \int_{0}^{\infty} g(t)\, e^{-(a+j\omega)t}\, dt \\
&= \int_{0}^{\infty} g(t)\, e^{-st}\, dt \tag{4.5}
\end{aligned}
$$

となる.

---
**$s = a + j\omega$ の $a$ について**

周波数伝達関数 $G(j\omega)$ を用いて振幅比(ゲイン)や位相の定量化が可能であったが,同様の計算を伝達関数 $G(s)$ について行うことができない.これは,$s = a + j\omega$ の定数 $a$ は,大きさを定められることがない「概念的な数」であるためである.

---

第4章 $s$ 領域におけるモデル化

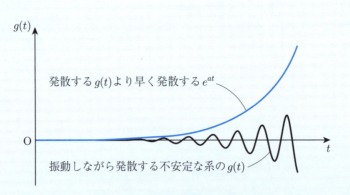

(a) 発散する重み関数 $g(t)$

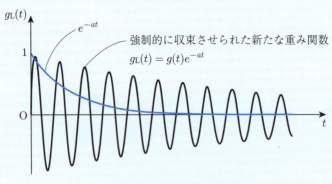

(b) 強制的に収束させられた重み関数 $g_L(t)$

図 4.1 発散する重み関数を強制的に収束させる方法

## 4.1 ラプラス変換による系の表現　　**45**

式 (4.5) で求められる「不安定であっても，適当な $e^{-at}$ を乗じて強制的に収束させられ絶対積分可能になった新たな重み関数 $g_{\mathrm{L}}(t)$ をフーリエ変換して得られる，新たな周波数伝達関数 $G_{\mathrm{L}}(j\omega)$」を改めて**伝達関数**（transfer function）$G(s)$ と定義する．

$$G(s) = \int_0^\infty g(t)\, e^{-st}\, dt \tag{4.6}$$

また，上式の重み関数 $g(t)$ から伝達関数 $G(s)$ への拡張したフーリエ変換を，**ラプラス変換**（Laplace transform）と呼ぶ．

伝達関数を用いることによって安定でない系も，安定な系と同様に議論することができるようになる．系が安定の場合には強制的に収束させる必要がないので

$$e^{-st} = e^{-(a+j\omega)t}$$

の $a = 0$ とすれば，周波数伝達関数 $G(j\omega)$ が求まる（多くの本では，「$s$ に $j\omega$ を代入する」，「$s = j\omega$ として」と記述されている）．

$$\text{伝達関数 } G(s) \xrightarrow{\ e^{-st} = e^{-(a+j\omega)t}\,\text{の}\,a=0\ } \text{周波数伝達関数 } G(j\omega)$$

## 4.2 微分方程式から伝達関数へ

伝達関数 $G(s)$ は，系の安定性を問わず周波数領域で系を取り扱うことができるため，系の入力 $U(s)$ に対して出力 $Y(s)$ を単純な積として求めることができる．

$$Y(s) = G(s) U(s) \qquad (4.7)$$

一般的な微分方程式（時不変集中定数系の常微分方程式）から，ラプラス変換により伝達関数 $G(s)$ を求めてみる．

ラプラス変換の性質については 4.3 節にまとめるが，微分方程式から伝達関数を求めるためには，次の公式が有用である．

$$\mathcal{L}\left\{\frac{d^n y(t)}{dt^n}\right\} = s^n Y(s) - \sum_{k=0}^{n-1} s^{n-1-k} \left.\frac{d^k y(t)}{dt^k}\right|_{t=0} \qquad (4.8)$$

制御工学では，ある平衡点からの変化を考えるので，「すべての初期値を $0$ とする」ことにより，式 (4.8) は次のように考えられる．

$$\mathcal{L}\left\{\frac{d^n y(t)}{dt^n}\right\} = s^n Y(s) \qquad (4.9)$$

式 (2.1) に示した制御系の一般的な微分方程式

$$a_0 \frac{d^n y(t)}{dt^n} + a_1 \frac{d^{n-1} y(t)}{dt^{n-1}} + \cdots + a_{n-1} \frac{dy(t)}{dt} + a_n y(t)$$
$$= b_0 \frac{d^m u(t)}{dt^m} + b_1 \frac{d^{m-1} u(t)}{dt^{m-1}} + \cdots + b_{m-1} \frac{du(t)}{dt} + b_m u(t) \qquad (4.10)$$

の両辺をラプラス変換し，すべての初期値を $0$ とおくと

$$\left(a_0 s^n + a_1 s^{n-1} + \cdots + a_{n-1} s + a_n\right) Y(s)$$
$$= \left(b_0 s^m + b_1 s^{m-1} + \cdots + b_{m-1} s + b_m\right) U(s) \quad (4.11)$$

となる．これを伝達関数 $G(s)$ の定義に従って，次のように整理する．

$$G(s) = \frac{\text{出力のラプラス変換 } Y(s)}{\text{入力のラプラス変換 } U(s)}$$

$$= \frac{b_0 s^m + b_1 s^{m-1} + \cdots + b_{m-1} s + b_m}{a_0 s^n + a_1 s^{n-1} + \cdots + a_{n-1} s + a_n}$$

（伝達関数の多項式表示） (4.12)

伝達関数 $G(s)$ の分母には微分方程式の左辺の係数，分子には右辺の係数が表れており，微分方程式とよく対比している．

● **伝達関数 $G(s)$ と周波数伝達関数 $G(j\omega)$ との使い分け** ●

周波数領域での系の表現については，伝達関数 $G(s)$ と周波数伝達関数 $G(j\omega)$ の2種類あるが，その使い分けは以下のようにまとめられる．

表現したい系
↓ 時間領域での物理法則などによるモデル化

不安定な系かもしれないので
ラプラス変換 ↓ ↑ 逆ラプラス変換

伝達関数 $G(s)$ …制御系の安定化や整理，極やゼロ点による制御系設計
（ブロック線図の統合，特性方程式，極，ゼロ点，…）

↓ 安定な系であることを確認し
$(a=0$ として$)$ $s \Rightarrow j\omega$

周波数伝達関数 $G(j\omega)$ …振幅特性・位相特性など具体的な数値を扱う考察
（ボード線図，ベクトル線図）

なお，横軸 $\omega$ [rad/s] のグラフはあるが，横軸 $s$ のグラフはない

**48**　　　　　　　　第4章　$s$領域におけるモデル化

## 4.3　伝達関数の3表現

　伝達関数 $G(s)$ は，制御系の解析や設計の段階に応じて，以下のように3種類の表示方法がある（簡単のために，分母 $= 0$ として求まる解を相異なる実数とする）．

$$
\begin{aligned}
G(s) &= \frac{\text{出力のラプラス変換 } Y(s)}{\text{入力のラプラス変換 } U(s)} \\
&= \frac{b_0\, s^m + b_1\, s^{m-1} + \cdots + b_{m-1}\, s + b_m}{a_0\, s^n + a_1\, s^{n-1} + \cdots + a_{n-1}\, s + a_n} \quad \text{（多項式表示）} \quad (4.13) \\
&= \frac{b_0(s - z_1)(s - z_2) \cdots (s - z_{m-1})(s - z_m)}{a_0(s - p_1)(s - p_2) \cdots (s - p_{n-1})(s - p_n)} \quad \text{（極ゼロ表示）} \quad (4.14) \\
&= \frac{1}{a_0}\left( \frac{A_1}{s - p_1} + \frac{A_2}{s - p_2} + \cdots + \frac{A_{n-1}}{s - p_{n-1}} + \frac{A_n}{s - p_n} \right) \\
&\hspace{8cm} \text{（部分分数展開表示）} \quad (4.15)
\end{aligned}
$$

　多項式表示では，分母の係数が微分方程式の左辺，分子の係数が微分方程式の右辺と対応しており，微分方程式との関連が強い．また，極ゼロ表示では，分母 $= 0$ として求まる**極**（pole）と，分子 $= 0$ として求まる**ゼロ点**（zero point）を因数として表示することになり，系の応答についての概略を知る上で有利である．部分分数展開表示は，**表4.1** のラプラス変換表を参考にしながら，逆ラプラス変換を行うことを目的として使われる．

---
**伝達関数 $G(s)$ の3表現の使い分け**

　伝達関数 $G(s)$ の3種類の表現方法には，おおむね次の使い分けがある．

- **多項式表示**：微分方程式からラプラス変換により最初に得られる形．
- **極ゼロ表示**：分母・分子それぞれを0として解を求め，それらを基に因数分解して表示する形．分母 $= 0$ の解を**極**，分子 $= 0$ の解を**ゼロ点**と呼ぶ．系の安定性・応答などを考察するときに用いる．
- **部分分数展開表示**：「極」（伝達関数の分母 $= 0$ の解）を基に，逆ラプラス変換により時間応答を求める際に使用する．それぞれの項の形は，ラプラス変換表を参考にして決定する．
---

## 4.3 伝達関数の 3 表現

### 表 4.1 ラプラス変換表

| $f(t)$ | $F(s)$ | $f(t)$ | $F(s)$ |
|---|---|---|---|
| $\delta(t)^{\dagger}$ | $1$ | $\sin\omega t$ | $\dfrac{\omega}{s^2+\omega^2}$ |
| $\delta(t-L)$ | $e^{-Ls}$ | $\cos\omega t$ | $\dfrac{s}{s^2+\omega^2}$ |
| $u(t)^{\ddagger}$ | $\dfrac{1}{s}$ | $e^{-at}\sin\omega t$ | $\dfrac{\omega}{(s+a)^2+\omega^2}$ |
| $e^{-at}$ | $\dfrac{1}{s+a}$ | $e^{-at}\cos\omega t$ | $\dfrac{s+a}{(s+a)^2+\omega^2}$ |
| $t$ | $\dfrac{1}{s^2}$ | $te^{-at}$ | $\dfrac{1}{(s+a)^2}$ |
| $\dfrac{1}{n!}\,t^n$ | $\dfrac{1}{s^{n+1}}$ | $\dfrac{1}{n!}\,t^n e^{-at}$ | $\dfrac{1}{(s+a)^{n+1}}$ |

| $f(t)$ | $F(s)$ |
|---|---|
| $\dfrac{1}{b-a}\left(e^{-at}-e^{-bt}\right)$ | $\dfrac{1}{(s+a)(s+b)}$ |
| $\dfrac{1}{b-a}\left\{(z-a)e^{-at}-(z-b)e^{-bt}\right\}$ | $\dfrac{s+z}{(s+a)(s+b)}$ |
| $\dfrac{1}{\sqrt{1-\zeta^2}}\,e^{-\zeta\omega_{\mathrm{n}}t}\sin\sqrt{1-\zeta^2}\,\omega_{\mathrm{n}}t$ | $\dfrac{\omega_{\mathrm{n}}^2}{s^2+2\zeta\omega_{\mathrm{n}}s+\omega_{\mathrm{n}}^2}$ |

† 単位インパルス関数 $\delta(t)$

‡ 単位ステップ関数 $u(t)=\begin{cases}0 & t<0\\1 & t\geq0\end{cases}$

**50**　　　　　　　　第4章　$s$領域におけるモデル化

式 (4.13) は，式変形の簡単のために極（伝達関数の分母 $= 0$ で求まる解）が相異なる実数であると仮定している．一般には，極は重極であったり虚数を含む場合も考えられる．また，ゼロ点（伝達関数の分子 $= 0$ で求まる解）も同様である．そこで，$l$ 重極を 1 つと共役複素数の極を 1 組有し，相異なる実数の極が $(n - l - 2)$ 個あるとした $n$ 次の系の例を示すと，以下のようになる．

$$G(s) = \frac{b_0\, s^m + b_1\, s^{m-1} + \cdots + b_{m-1}\, s + b_m}{a_0\, s^n + a_1\, s^{n-1} + \cdots + a_{n-1}\, s + a_n}$$

$$= \frac{b_0(s - z_1)(s - z_2)\cdots(s - z_{m-1})(s - z_m)}{a_0(s - p_1)^l(s^2 + cs + d)(s - p_{l+3})\cdots(s - p_n)}$$

$$= \frac{1}{a_0}\left( \underbrace{\sum_{k=1}^{l} \frac{A_k}{(s - p_1)^{l-k+1}}}_{\text{$l$ 重根を持つ要素}} + \underbrace{\frac{A_{l+1}\, s + A_{l+2}}{s^2 + cs + d}}_{\substack{\text{1 組の共役複素数根を}\\\text{持つ振動的要素}}} \right.$$

$$\left. + \underbrace{\frac{A_{l+3}}{s - p_{l+3}} + \cdots + \frac{A_n}{s - p_n}}_{\text{異なる実根を持つ要素}} \right) \quad (4.16)$$

■ **例題 4.1** ■

次の微分方程式で表される系を，3 種類の異なった形式の伝達関数で表しなさい（ただし，"・"は時間微分を表す）．

$$\ddot{y}(t) + 3\dot{y}(t) + 2y(t) = 3u(t)$$

【解答】　与式の両辺をラプラス変換して，すべての初期値を 0 とすると

$$s^2 Y(s) + 3sY(s) + 2Y(s) = 3U(s) \quad\quad\quad \text{(a)}$$

となる．よって，伝達関数 $G(s)$ は多項式表示として

$$G(s) = \frac{Y(s)}{U(s)} = \frac{3}{s^2 + 3s + 2} \quad\quad\quad \text{(b)}$$

となる．伝達関数 $G(s)$ の極は，分母 $= 0$ より

$$s^2 + 3s + 2 = 0$$

4.3 伝達関数の 3 表現    **51**

より

$$(s+1)(s+2) = 0 \qquad \therefore \quad s = -1, -2 \tag{c}$$

また，分子には $s$ がないのでゼロ点がない．よって，伝達関数 $G(s)$ の極ゼロ表示は

$$G(s) = \frac{3}{(s+1)(s+2)} \tag{d}$$

となる．これを用いて部分分数展開表示にすると

$$G(s) = \frac{3}{(s+1)(s+2)} = \frac{A_1}{s+1} + \frac{A_2}{s+2} = \frac{A_1(s+2) + A_2(s+1)}{(s+1)(s+2)}$$
$$= \frac{(A_1 + A_2)s + 2A_1 + A_2}{(s+1)(s+2)} \tag{e}$$

よって

$$\begin{cases} A_1 + A_2 = 0 \\ 2A_1 + A_2 = 3 \end{cases} \tag{f}$$

これを解いて，$A_1 = 3$, $A_2 = -3$ となり

$$G(s) = \frac{3}{(s+1)(s+2)} = \frac{3}{s+1} + \frac{-3}{s+2} \tag{g}$$

と書ける.

■ **例題 4.2** ■

　次の微分方程式で表される系を，3種類の異なった形式の伝達関数で表しなさい.

$$\dddot{y}(t) + 6\ddot{y}(t) + 11\dot{y}(t) + 6y(t) = \dot{u}(t) + 4u(t)$$

**【解答】** 与式の両辺をラプラス変換して，すべての初期値を 0 とすると

$$s^3 Y(s) + 6s^2 Y(s) + 11s Y(s) + 6Y(s) = sU(s) + 4U(s) \tag{a}$$

となる．よって，伝達関数 $G(s)$ は多項式表示として

$$G(s) = \frac{Y(s)}{U(s)} = \frac{s+4}{s^3 + 6s^2 + 11s + 6} \tag{b}$$

となる．伝達関数 $G(s)$ の極は，分母 = 0 より

**52**　　　　　　第 4 章　$s$ 領域におけるモデル化

$$s^3 + 6s^2 + 11s + 6 = 0 \tag{c}$$

より

$$(s+2)(s^2+4s+3) = (s+2)(s+3)(s+1) = 0 \tag{d}$$

$$\therefore \quad s = -1, -2, -3 \tag{e}$$

また，分子 $= 0$ よりゼロ点は

$$s + 4 = 0 \quad \therefore \quad s = -4$$

よって，伝達関数 $G(s)$ の極ゼロ表示は

$$G(s) = \frac{s+4}{(s+1)(s+2)(s+3)} \tag{f}$$

となる．これを用いて部分分数展開表示にすると

$$
\begin{aligned}
G(s) &= \frac{s+4}{(s+1)(s+2)(s+3)} = \frac{A_1}{s+1} + \frac{A_2}{s+2} + \frac{A_3}{s+3} \\
&= \frac{A_1(s+2)(s+3) + A_2(s+1)(s+3) + A_3(s+1)(s+2)}{(s+1)(s+2)(s+3)} \\
&= \frac{(A_1+A_2+A_3)s^2 + (5A_1+4A_2+3A_3)s + 6A_1+3A_2+2A_3}{(s+1)(s+2)(s+3)}
\end{aligned}
\tag{g}
$$

よって

$$
\begin{cases}
A_1 + A_2 + A_3 = 0 \\
5A_1 + 4A_2 + 3A_3 = 1 \\
6A_1 + 3A_2 + 2A_3 = 4
\end{cases}
\tag{h}
$$

これを解いて

$$A_1 = \frac{3}{2}, \quad A_2 = -2, \quad A_3 = \frac{1}{2} \tag{i}$$

となり

$$
\begin{aligned}
G(s) &= \frac{s+4}{(s+1)(s+2)(s+3)} \\
&= \frac{3}{2(s+1)} + \frac{-2}{s+2} + \frac{1}{2(s+3)}
\end{aligned}
\tag{j}
$$

と書ける．

## 4.4 ブロック線図の統合

ブロック線図 (block diagram) は，制御系の中での信号伝達の様子を表す図であり，以下の手順で描く．

① すべての要素の入出力関係を微分方程式で表し，それに基づいて伝達関数 $G(s)$ を求める．
② それぞれの伝達関数 $G(s)$ をブロックに書き込み，左から右へ信号が流れるように入出力信号を矢印で示す．
③ ブロックを入出力関係に従って，加算点や引き出し点などを用いて連結する．
④ 等価変換で複雑な制御系を簡略化する．

制御工学でのブロック線図のブロックの中は伝達関数 $G(s)$ で表されるが，図式表示や要素名などを用いて，広く工学分野で信号伝達経路を図式的に表現するシグナルフロー図のようにも用いられることがある．図 4.2 の 3 つの要素から構成されており，矢印は信号の伝わる方向を示している．
表 4.2 に示す基本的な変換を参照して，複雑なブロック線図を簡略化することができる．

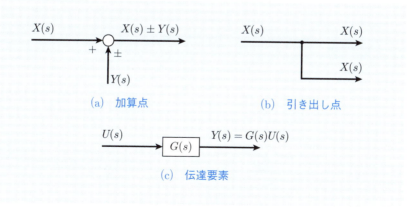

図 4.2 ブロック線図の基本要素

**54** 第 4 章 $s$ 領域におけるモデル化

## 表 4.2 ブロック線図の等価変換手法

| 変換の種類 | 変換前 | 変換後 |
|---|---|---|
| 順序変更 | $U \to G_1 \to G_2 \to Y$ | $U \to G_2 \to G_1 \to Y$ |
| 直列結合 | $U \to G_1 \xrightarrow{X} G_2 \to Y$ | $U \to G_1 G_2 \to Y$ |
| 並列結合 | $U \to (G_1, G_2) \to \pm \to Y$ | $U \to G_1 \pm G_2 \to Y$ ; $U \to G_2 \to \dfrac{G_1}{G_2} \to \pm \to Y$ |
| 引き出し点の位置変更 | $U \to G \to X = GU$ ($X = GU$) ; $U \to G \to X = GU$ ($U$) | $U \to G \to X = GU$, $U \to G \to X = GU$ ; $U \to G \to X = GU$, $\to \dfrac{1}{G} \to U$ |
| 加算点の位置変更 | $X \xrightarrow{+} (X \pm Y) \to G \to Z$, $Z = G(X \pm Y)$ ; $X \to G \xrightarrow{+} Z = GX \pm Y$ | $X \to G \to (+) \to Z = (GX \pm GY)$, $Y \to G$ ; $X \xrightarrow{+} \to G \to Z$, $Y \to \dfrac{1}{G}$, $Z = G\left(X \pm \dfrac{Y}{G}\right)$ |
| フィードバック結合 | $R \xrightarrow{+} E \to G \to Y$, $\mp \leftarrow H$ | $R \to \dfrac{G}{1 \pm GH} \to Y$ |

## 例題 4.3

次のブロック線図をまとめて，1つのブロックで表しなさい．

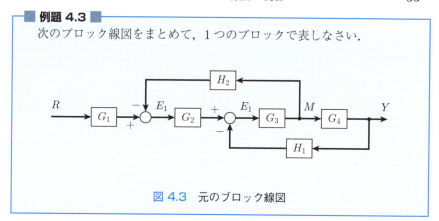

図 4.3 元のブロック線図

【解答】 引き出し点を後ろにずらして

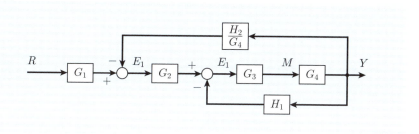

図 4.4 引き出し点の移動

2つの前向き要素の直列結合をまとめて

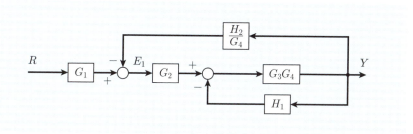

図 4.5 直列結合の変換

フィードバック制御部分をまとめて

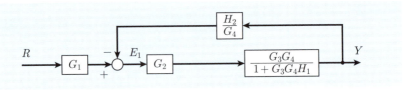

図 4.6　フィードバック制御の変換

直列結合をまとめて

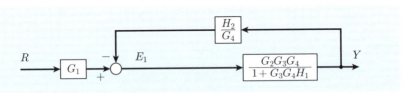

図 4.7　直列結合の変換

フィードバック制御部分をまとめて

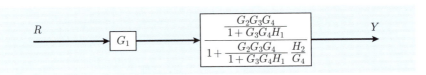

図 4.8　フィードバック制御の変換

整理して

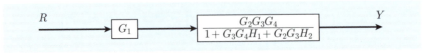

図 4.9　ブロック線図の整理

直列結合をまとめて

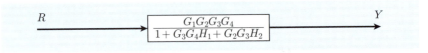

図 4.10　1つの要素にまとめたブロック線図

## 4章の問題

□ **4.1** 次の微分方程式で表される系の伝達関数を3つの表現形式で記し，振幅特性と位相特性を求めよ．

(1)
$$\frac{d^2y(t)}{dt^2} + 2\frac{dy(t)}{dt} + 9y(t) = \frac{du(t)}{dt} + u(t)$$

(2)
$$\frac{d^2y(t)}{dt^2} + 60\frac{dy(t)}{dt} + 500y(t) = 5000u(t)$$

(3)
$$\frac{d^2y(t)}{dt^2} + 50\frac{dy(t)}{dt} = 50\frac{du(t)}{dt} + 500u(t)$$

□ **4.2** 次の電気回路の伝達関数を求めよ．

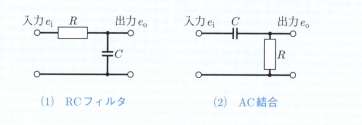

図1

□ **4.3** 質量，ばね，ダンパが連結された二次振動系で模擬される系の伝達関数を考えたい．出力を二次振動系の振幅 $x(t)$ とし，入力を左側面の振動振幅 $u(t)$ として伝達関数を求め，振幅特性と位相特性を示せ．

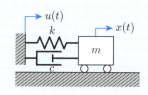

図2

☐ **4.4** 次のブロック線図を簡略化せよ．

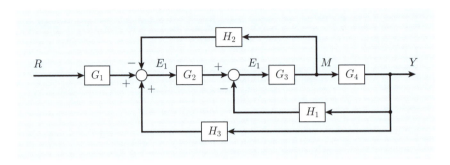

図3

☐ **4.5** 次のブロック線図を以下の手順で簡略化せよ．
**手順**：$D=0$ として仮定し，入力を $R$ ($\neq 0$)，出力を $Y_1$ としたブロック線図と，$R=0$ として仮定し，入力を $D$ ($\neq 0$)，出力を $Y_2$ としたブロック線図を描く．
次に，2つの出力の和を系の出力 $Y$ とするブロック線図を描く．

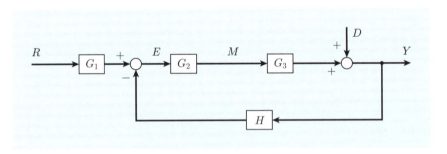

図4

# 第5章

# 伝達関数と
# 図式表現（1）

　　機械系で扱う重要な系はある程度決まっており，そ
れらの組合せによって複雑な系をモデル化していく．
また，いくつかの基本要素の伝達関数を知っていれ
ば，それらを組み合わせることで系の動的特性が類推
できる．以下，入力を $u(t)$，出力を $y(t)$ として，そ
れぞれの特性を表す．また，系が持つ特性を図式表
現することができるボード線図は，制御工学の分野
だけでなく，広く工学分野において用いられている．
本章では，伝達関数とボード線図の基本知識を学修
する．

**60** 第 5 章　伝達関数と図式表現 (1)

# 5.1　ボード線図による特性表現

　周波数伝達関数，あるいは，伝達関数によって，動的な系の特性が表現でき
るが，これをグラフ化したものがボード線図やベクトル線図である．機械系で
はボード線図（Bode diagram）が一般的であるので，以下，ボード線図の描き
方を示す．

　ボード線図は，周波数領域での特性表現を一組のゲイン線図と位相線図で表
現したものである．ボード線図と周波数伝達関数 $G(j\omega)$ や伝達関数 $G(s)$ との
関係は，次となる．

　ボード線図では，入力信号周波数に対応する振幅比と位相差を求める必要か
ら，周波数伝達関数 $G(j\omega)$ を用いる．ボード線図を描くときに伝達関数 $G(s)$
が使えないのは

$$s = a + j\omega$$

と定義した中で，$a$ の具体的な大きさが不明であるからである．また，入力信
号に対する出力信号が発散する場合には振幅比（ゲイン）を求めることができ
ないので，不安定な系のボード線図は存在しない．

　ボード線図の**振幅比（ゲイン）**と**位相差**は，周波数伝達関数 $G(j\omega)$ を用いて
以下のように求まる．

振幅比：

$$\beta(\omega) = \left|G(j\omega)\right|$$
$$= \sqrt{(\mathrm{Re}\{G(j\omega)\})^2 + (\mathrm{Im}\{G(j\omega)\})^2} \tag{5.1}$$

位相差：

$$\theta(\omega) = \angle G(j\omega)$$
$$= \tan^{-1}\frac{\mathrm{Im}\{G(j\omega)\}}{\mathrm{Re}\{G(j\omega)\}} \tag{5.2}$$

## 5.1 ボード線図による特性表現 **61**

─ **ボード線図を書くときの注意** ─

- 横軸は角周波数 $\omega$ [rad/s]，縦軸は振幅比（ゲイン）[dB $(= 20\log_{10}(X))$]
  と位相 [deg]
- 伝達関数の分母分子に単独の $s$ がないときには
  極低周波のゲイン曲線の漸近線の傾きは $0\,\mathrm{dB/dec}$
  極低周波の位相曲線の初期値は $0\,\mathrm{deg}$
- 伝達関数の分母に単独の $s$ があるときには
  極低周波のゲイン曲線の漸近線の傾きは $-20\,\mathrm{dB/dec}$
  極低周波の位相曲線の初期値は $-90\,\mathrm{deg}$
- 伝達関数の分子に単独の $s$ があるときには
  極低周波のゲイン曲線の漸近線の傾きは $+20\,\mathrm{dB/dec}$
  極低周波の位相曲線の初期値 $+90\,\mathrm{deg}$
- 伝達関数の分母の次数が $n$，分子の次数が $m$ のときには
  極高周波のゲイン曲線の漸近線の傾きは

$$-20(n-m) \, [\mathrm{dB/dec}]$$

  極高周波の位相曲線の値は

$$-90(n-m) \, [\mathrm{deg}]$$

- ゲイン曲線の漸近線の交点は，$(1+Ts)$ の形に因数分解された分母の時
  定数 $T$ の逆数によって決まる．
- ゲイン曲線の漸近線の交点を与える角周波数のとき，位相は

$$-45 - 90(n-m) \, [\mathrm{deg}]$$

  になる．
- 実数で因数分解されない二次遅れ系（振動的な二次遅れ系）があるとき，
  ゲイン曲線の漸近線の傾きは，共振周波数以降 $-40\,\mathrm{dB/dec}$ 増える．
- このようなルールを考えると，振幅比（ゲイン）軸は $20\,\mathrm{dB}$ の整数倍で
  刻み，位相軸は $45°$ の整数倍で刻むのが良い．

**62**　　　　第 5 章　伝達関数と図式表現 (1)

## 5.2 比例要素

**動作**　入力が $K$ 倍だけされて出力される系

$$y(t) = K\,u(t) \tag{5.3}$$

**伝達関数**　上式の両辺をラプラス変換して，すべての初期値を 0 とおき

$$G(s) = \frac{Y(s)}{U(s)}$$

の形に整理すると

$$G(s) = \frac{Y(s)}{U(s)} = K \tag{5.4}$$

**周波数伝達関数**　式 (5.4) において，$s = a + j\omega$ の $a = 0$ として（あるいは $s$ に $j\omega$ を代入して）

$$\begin{aligned} G(j\omega) &= \frac{Y(j\omega)}{U(j\omega)} \\ &= K \end{aligned} \tag{5.5}$$

**振幅（ゲイン）特性**

$$\begin{aligned} \beta(\omega) &= \left| G(j\omega) \right| \\ &= \sqrt{(\mathrm{Re}\{G(j\omega)\})^2 + (\mathrm{Im}\{G(j\omega)\})^2} \\ &= K \end{aligned} \tag{5.6}$$

**位相特性**

$$\begin{aligned} \theta(\omega) &= \angle G(j\omega) \\ &= \tan^{-1}\left( \frac{\mathrm{Im}\{G(j\omega)\}}{\mathrm{Re}\{G(j\omega)\}} \right) \\ &= \tan^{-1}\left( \frac{0}{K} \right) \\ &= 0 \end{aligned} \tag{5.7}$$

## 5.2 比例要素

**特徴** 伝達関数 $G(s)$ に $s$, あるいは $j\omega$ が含まれていないので,周波数 $\omega$ がどんなに変化しても特性の変化はない.ゲイン曲線の傾きは,0 dB/dec で一定である.また,位相も遅れたり,進んだりせず,0° で一定である.

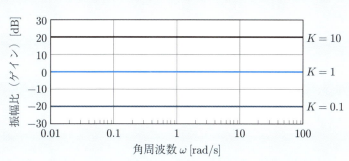

(a) 振幅比(ゲイン)線図

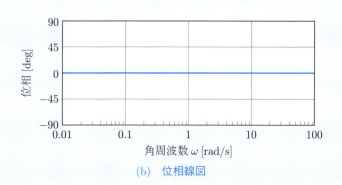

(b) 位相線図

図 5.1 比例要素のボード線図

**64**　　　　第 5 章　伝達関数と図式表現 (1)

## 5.3　積 分 要 素

**動作**　入力の積分値が $1/T_\mathrm{i}$ 倍されて出力される系

$$y(t) = \frac{1}{T_\mathrm{i}} \int u(t)\, dt \tag{5.8}$$

　**積分時間** $T_\mathrm{i}$：出力振幅が入力振幅に一致する（振幅比：$0\,\mathrm{dB}$）になる角周波数の逆数.

**伝達関数**　上式の両辺をラプラス変換して，すべての初期値を $0$ とおき

$$G(s) = \frac{Y(s)}{U(s)}$$

の形に整理すると

$$G(s) = \frac{Y(s)}{U(s)} = \frac{1}{T_\mathrm{i} s} \tag{5.9}$$

**周波数伝達関数**　式 (5.9) において，$s = a + j\omega$ の $a = 0$ として（あるいは $s$ に $j\omega$ を代入して）

$$G(j\omega) = \frac{Y(j\omega)}{U(j\omega)} = \frac{1}{j T_\mathrm{i} \omega} \tag{5.10}$$

**振幅（ゲイン）特性**

$$\begin{aligned}
\beta(\omega) = \bigl|G(j\omega)\bigr| &= \sqrt{(\mathrm{Re}\{G(j\omega)\})^2 + (\mathrm{Im}\{G(j\omega)\})^2} \\
&= \sqrt{0^2 + \left(\frac{-1}{T_\mathrm{i}\omega}\right)^2} = \frac{1}{T_\mathrm{i}\omega}
\end{aligned} \tag{5.11}$$

**位相特性**

$$\begin{aligned}
\theta(\omega) = \angle G(j\omega) &= \tan^{-1}\left(\frac{\mathrm{Im}\{G(j\omega)\}}{\mathrm{Re}\{G(j\omega)\}}\right) \\
&= \tan^{-1}\left(\frac{\frac{-1}{T_\mathrm{i}\omega}}{0}\right) = \tan^{-1}(-\infty) = -90
\end{aligned} \tag{5.12}$$

## 5.3 積分要素

**特徴** 伝達関数 $G(s)$ の分母に単独の $s$（あるいは $\omega$）があるため，どの周波数帯でも特性に変化が生じる．高周波数になればなるほど，振幅比（ゲイン）は減少する．減少の傾きは $-20\,\mathrm{dB/dec}$（周波数が 10 倍変化すれば 20 dB 減る．すなわち，振幅が $1/10$ になる）で一定である．また，この直線が 0 dB となる角周波数の逆数が積分時間 $T_\mathrm{i}$ である．位相は，周波数に無関係に $-90°$ ずれる（$90°$ 遅れる）．

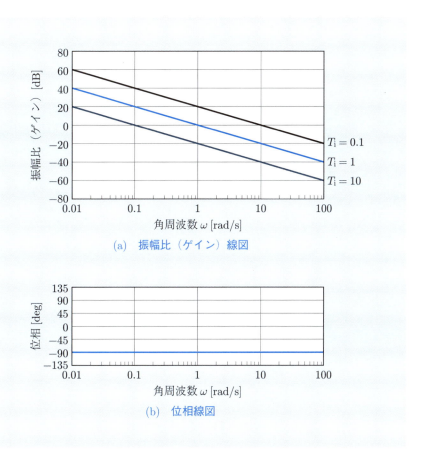

図 5.2 積分要素のボード線図

**66**　　第 5 章　伝達関数と図式表現 (1)

## 5.4 微分要素

**動作**　入力の微分値が $T_\mathrm{d}$ 倍されて出力される系

$$y(t) = T_\mathrm{d}\,\frac{du(t)}{dt} \tag{5.13}$$

　微分時間 $T_\mathrm{d}$：出力振幅が入力振幅に一致する（振幅比：0 dB）になる角周波数の逆数.

**伝達関数**　上式の両辺をラプラス変換して，すべての初期値を 0 とおき

$$G(s) = \frac{Y(s)}{U(s)}$$

の形に整理すると

$$G(s) = \frac{Y(s)}{U(s)} = T_\mathrm{d} s \tag{5.14}$$

**周波数伝達関数**　式 (5.14) において，$s = a + j\omega$ の $a = 0$ として（あるいは $s$ に $j\omega$ を代入して）

$$G(j\omega) = \frac{Y(j\omega)}{U(j\omega)} = jT_\mathrm{d}\omega \tag{5.15}$$

**振幅（ゲイン）特性**

$$\begin{aligned}
\beta(\omega) &= \bigl|G(j\omega)\bigr| \\
&= \sqrt{(\mathrm{Re}\{G(j\omega)\})^2 + (\mathrm{Im}\{G(j\omega)\})^2} \\
&= \sqrt{0^2 + (T_\mathrm{d}\omega)^2} = T_\mathrm{d}\omega
\end{aligned} \tag{5.16}$$

**位相特性**

$$\begin{aligned}
\theta(\omega) &= \angle G(j\omega) = \tan^{-1}\left(\frac{\mathrm{Im}\{G(j\omega)\}}{\mathrm{Re}\{G(j\omega)\}}\right) \\
&= \tan^{-1}\left(\frac{T_\mathrm{d}\omega}{0}\right) = \tan^{-1}(+\infty) = +90
\end{aligned} \tag{5.17}$$

## 5.4 微分要素

**特徴** 伝達関数 $G(s)$ の分子に単独の $s$（あるいは $\omega$）があるため，どの周波数帯でも特性に変化が生じる．高周波数になればなるほど，振幅比（ゲイン）は増加する．増加の傾きは $+20\,\mathrm{dB/dec}$（周波数が 10 倍変化すれば 20 dB 増える．すなわち，振幅が 10 倍になる）で一定である．また，この直線が 0 dB となる角周波数の逆数が，微分時間 $T_\mathrm{d}$ である．位相は，周波数に無関係に $+90°$ ずれる（$90°$ 進む）．

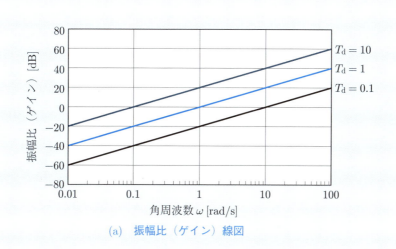

(a) 振幅比（ゲイン）線図

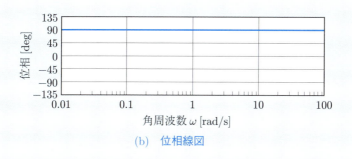

(b) 位相線図

図 5.3 微分要素のボード線図

## 5章の問題

☐ **5.1** 積分要素 $1/T_\mathrm{i}s$ を積分時間 $T_\mathrm{i} = 1$ の積分要素と比例要素 $K$ の積 $K/s$ と考えるとき，図 5.2 に示される各ボード線図に対応する比例要素 $K$ の値を求めよ．

☐ **5.2** 微分要素 $T_\mathrm{d}s$ を微分時間 $T_\mathrm{d} = 1$ の微分要素と比例要素 $K$ の積 $KT_\mathrm{d}s$ と考えるとき，図 5.3 に示される各ボード線図に対応する比例要素 $K$ の値を求めよ．

☐ **5.3** 図 5.2 に示される各ボード線図の系が，$K = 10$ の比例要素を含んでいることが分かっているとき，積分要素 $1/T_\mathrm{i}s$ の積分時間 $T_\mathrm{i}$ の値を求めよ．

☐ **5.4** 図 5.3 に示される各ボード線図の系が，$K = 0.1$ の比例要素を含んでいることが分かっているとき，微分要素 $T_\mathrm{d}s$ の微分時間 $T_\mathrm{d}$ の値を求めよ．

**● $e^{極 t} \iff e^{pt}$ について ●**

オイラーの公式 $e^{j\theta} = \cos\theta + j\sin\theta$ と複素数の組合せは，工学の世界では非常に便利でいろいろな分野で使われている．工学では角振動数 $\omega$ を用いて $\theta = \omega t$ の関係から，オイラーの公式は

$$e^{j\omega t} = \cos\omega t + j\sin\omega t$$

として利用する場合が多い．利用例として，次のものが挙げられる．

- 機械力学や振動工学において学修した「複素解法」は，複素振幅 $Z$ を用いて振動の解を $z(t) = Ze^{j\omega t}$ とおき，運動方程式に代入して複素振幅 $Z$ を求める．複素振幅 $Z$ は複素数で，その絶対値 $|Z|$ が振動振幅，偏角 $\angle Z$ が位相角 $\phi$ を与えることを利用して，振動の解を求める．

$$z(t) = Ze^{j\omega t} = \underbrace{|Z|e^{j\angle Z}}_{\text{複素数 } Z}\, e^{j\omega t}$$

$$= |Z|\,\underbrace{e^{j(\omega t + \angle Z)}}_{\text{角度情報をまとめる}} = |Z|e^{j(\omega t + \phi)}$$

$$= \underbrace{|Z|}_{\text{振幅}}\,\underbrace{\{\cos(\omega t + \phi) + j\sin(\omega t + \phi)\}}_{\text{振動項}}$$

$$= \underbrace{|Z|\cos(\omega t + \phi)}_{\text{入力が}\cos\text{関数のときの解}} + j\,\underbrace{|Z|\sin(\omega t + \phi)}_{\text{入力が}\sin\text{関数のときの解}}$$

- 微分方程式の解を $x(t) = Xe^{st}$ とおき，微分方程式に代入して特性方程式を作り，その解 $s$ を用いて応答 $x(t)$ を得る．このとき，$s$ は（共役な）複素数 $(s = a \pm j\omega)$ である．

$$x(t) = Xe^{st} = Xe^{(a\pm j\omega)t} = Xe^{at}\,e^{\pm j\omega t}$$

$$= \underbrace{X}_{\text{実数}} \cdot \underbrace{e^{at}}_{\text{収束・発散}} \cdot \underbrace{(\cos\omega t \pm j\sin\omega t)}_{\text{振動の有無}}$$

- 制御工学における極 $p$ は，微分方程式の解法と同様に，（共役な）複素数であり，それぞれのモード $e^{pt}$ に係数を乗じて，その総和によって応答を得る．各モード $e^{pt}$ は次の意味を持つ．

$$e^{pt} = e^{(a+j\omega)t} = \underbrace{e^{at}}_{\text{収束・発散}} \cdot \underbrace{e^{j\omega t}}_{\text{振動の有無}}$$

# 第6章

# 伝達関数と
# 図式表現(2)

　機械系で扱う重要な系はある程度決まっており、そ
れらの組合せによって複雑な系をモデル化していく。
また、いくつかの基本要素の伝達関数を知っていれ
ば、それを組み合わせることで系の動的特性が類推
できる。本章では、機械のモデル化などに頻出する
要素の伝達関数とボード線図について学修する。

## 6.1 一次遅れ系

**動作** 入力と出力の差によって増加率が決まる系

$$T \frac{dy(t)}{dt} + y(t) = K u(t) \tag{6.1}$$

**時定数**（time constant）$T$ [s]：系の応答の速さを表す定数．ステップ応答のとき，出力が最終出力 $y(\infty)$ の 63.2% $(= 1 - e^{-1})$ に到達する時間を示す．どのような系でも単位は秒である．大きければ大きいほど応答が遅く，小さければ小さいほど応答は速い．

**ゲイン定数**（gain factor）$K$：入力と出力との換算をする係数．単位は［出力の単位/入力の単位］で決まる．

**伝達関数** 上式の両辺をラプラス変換して，すべての初期値を 0 とおき，$G(s) = Y(s)/U(s)$ の形に整理すると

$$G(s) = \frac{Y(s)}{U(s)} = \frac{K}{1 + Ts} \tag{6.2}$$

**周波数伝達関数** 式 (6.2) において，$s = a + j\omega$ の $a = 0$ として（あるいは $s$ に $j\omega$ を代入して）

$$\begin{aligned}
G(j\omega) &= \frac{Y(j\omega)}{U(j\omega)} = \frac{K}{1 + jT\omega} = \frac{K(1 - jT\omega)}{(1 + jT\omega)(1 - jT\omega)} \\
&= \frac{K(1 - jT\omega)}{1 + T^2\omega^2}
\end{aligned} \tag{6.3}$$

**振幅（ゲイン）特性**

$$\begin{aligned}
\beta(\omega) &= |G(j\omega)| = \sqrt{(\mathrm{Re}\{G(j\omega)\})^2 + (\mathrm{Im}\{G(j\omega)\})^2} \\
&= K \frac{\sqrt{1^2 + (-T\omega)^2}}{1 + (T\omega)^2} = \frac{K}{\sqrt{1 + (T\omega)^2}}
\end{aligned} \tag{6.4}$$

**位相特性**

$$\begin{aligned}
\theta(\omega) &= \angle G(j\omega) = \tan^{-1}\left(\frac{\mathrm{Im}\{G(j\omega)\}}{\mathrm{Re}\{G(j\omega)\}}\right) \\
&= \tan^{-1}\left(\frac{-T\omega}{1}\right) = \tan^{-1}(-T\omega)
\end{aligned} \tag{6.5}$$

## 6.1 一次遅れ系

**特徴** 図 6.1 に示すように伝達関数 $G(s)$ の分母に $s$ (あるいは $\omega$) があるが、単独ではないため、ある周波数を境に特性が変化する。極低周波数の場合、$\omega \approx 0$ より振幅比は $K$ となり、比例要素と同じ特性を示す。また、極高周波数の場合、分母の 1 の影響が小さくなり、積分要素と同様の特性を示す。これらの特性の変わり目の周波数は、$T\omega = 1$ で求まる。すなわち

> $\omega < \frac{1}{T}$：振幅比（ゲイン）曲線の傾き 0 dB/dec で、位相 0° に近い。
> $\omega = \frac{1}{T}$：振幅比は $-3$ dB，位相は $-45°$
> $\frac{1}{T} < \omega$：ゲイン曲線の傾き $-20$ dB/dec. 位相は $-90°$ に近づく。

位相角の変化は、分母に $s$ が 1 つしかないので $-90°$

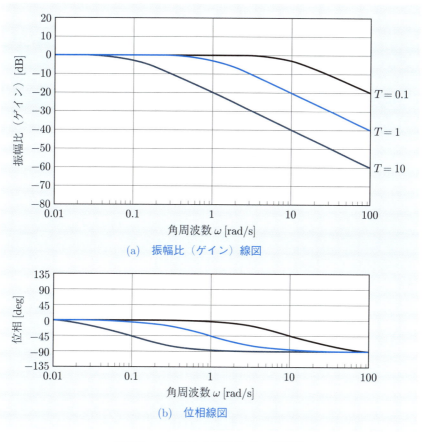

(a) 振幅比（ゲイン）線図

(b) 位相線図

図 6.1 一次遅れ系要素のボード線図

**74**　第 6 章　伝達関数と図式表現 (2)

## 6.2　二次遅れ系（高次遅れ系）

**動作**　一次遅れ系が直列に 2 つ（あるいは複数）連結された系

$$T_1 T_2 \frac{d^2 y(t)}{dt^2} + (T_1 + T_2)\frac{dy(t)}{dt} + y(t) = K\,u(t) \tag{6.6}$$

　時定数 $T_1,\ T_2$ [s]：系の応答の速さを表す定数．どのような系でも単位は秒である．大きければ大きいほど応答が遅く，小さければ小さいほど応答は速い．（絶対値が）小さい方の時定数が，系の応答の概略を決める．

　ゲイン定数 $K$：入力と出力との換算をする係数．単位は［出力の単位/入力の単位］で決まる．

**伝達関数**　一つ目の一次遅れ系の伝達関数を $G_1(s)$，二つ目の一次遅れ系の伝達関数を $G_2(s)$ とすると

$$\begin{aligned}
G(s) &= G_1(s)G_2(s)\\
&= \frac{K}{(1+T_1 s)(1+T_2 s)}
\end{aligned} \tag{6.7}$$

**周波数伝達関数**　式 (6.7) において，$s = a + j\omega$ の $a = 0$ として（あるいは $s$ に $j\omega$ を代入して）

$$\begin{aligned}
G(j\omega) &= \frac{K}{(1+jT_1\omega)(1+jT_2\omega)}\\
&= \frac{K(1-jT_1\omega)(1-jT_2\omega)}{(1+jT_1\omega)(1+jT_2\omega)(1-jT_1\omega)(1-jT_2\omega)}\\
&= \frac{K\{1-T_1 T_2\omega^2 - j(T_1+T_2)\omega\}}{(1+T_1^2\omega^2)(1+T_2^2\omega^2)}
\end{aligned} \tag{6.8}$$

**振幅（ゲイン）特性**

$$\begin{aligned}
\beta(\omega) &= \big|G(j\omega)\big|\\
&= \sqrt{(\mathrm{Re}\{G(j\omega)\})^2 + (\mathrm{Im}\{G(j\omega)\})^2}\\
&= K\,\frac{\sqrt{(1-T_1 T_2\omega^2)^2 + \{-(T_1+T_2)\}^2\omega^2}}{(1+T_1^2\omega^2)(1+T_2^2\omega^2)}\\
&= \frac{K}{\sqrt{(1+T_1^2\omega^2)(1+T_2^2\omega^2)}}
\end{aligned} \tag{6.9}$$

## 位相特性

$$\theta(\omega) = \angle G(j\omega)$$
$$= \tan^{-1}\left(\frac{\mathrm{Im}\{G(j\omega)\}}{\mathrm{Re}\{G(j\omega)\}}\right)$$
$$= \tan^{-1}\left\{\frac{-(T_1 + T_2)\omega}{1 - T_1 T_2 \omega^2}\right\} \tag{6.10}$$

**特徴** 図 6.2 に示すように伝達関数 $G(s)$ の分母に $s$（あるいは $\omega$）があるが，単独ではないため，ある周波数を境に特性が変化する．極低周波数の場合，$\omega \approx 0$ より振幅比は $K$ となり，比例要素と同じ特性を示す．また，極高周波数の場合，分母の 1 の影響が小さくなり，積分要素が複数直列に繋がったものと同様の特性を示す．これらの特性の変わり目の周波数は，それぞれ

$$T_1 \omega = 1, \quad T_2 \omega = 1$$

で求まる．すなわち，$T_1 > T_2$ とすると

$\omega < \frac{1}{T_1}$：振幅比（ゲイン）曲線の傾き $0\,\mathrm{dB/dec}$ で，位相は $0°$ に近い．

$\omega = \frac{1}{T_1}$：振幅比（ゲイン）は $-3\,\mathrm{dB}$，位相は $-45°$ 近傍

$\frac{1}{T_1} < \omega < \frac{1}{T_2}$：振幅比（ゲイン）曲線の傾き $-20\,\mathrm{dB/dec}$

$\omega = \frac{1}{T_2}$：位相は $-135°$ 近傍

$\frac{1}{T_2} < \omega$：振幅比（ゲイン）曲線の傾き $-40\,\mathrm{dB/dec}$．位相は $-180°$ に近づく．

位相角の変化は，分母に $s$ が 2 つあるので $-180°$

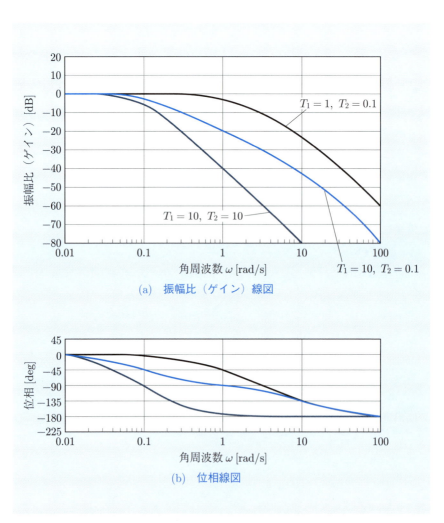

図 6.2 二次遅れ系（高次遅れ系）要素のボード線図

## 6.3 二次遅れ系（二次振動系）

**動作** 二次遅れ系で判別式が負になり，分母が実数の範囲で因数分解ができず振動的になる系

$$\frac{d^2 y(t)}{dt^2} + 2\zeta\omega_\mathrm{n} \frac{dy(t)}{dt} + \omega_\mathrm{n}^2 y(t) = \omega_\mathrm{n}^2 u(t) \tag{6.11}$$

**固有角振動数** $\omega_\mathrm{n}$ [rad/s]：減衰がない系で考えた角振動数．減衰がある場合の自由振動の角振動数は，**減衰固有角振動数** $\omega_\mathrm{d}$ $(= \sqrt{1-\zeta^2}\,\omega_\mathrm{n})$ で異なる．

**減衰比** $\zeta$：臨界減衰を起こす系の減衰率を 1 としたときの値．$\zeta < 1$ で減衰振動系となり，$\zeta = 1$ で**臨界減衰**，$\zeta > 1$ で**過減衰**（**超過減衰**）となる．

**伝達関数** 上式の両辺をラプラス変換して，すべての初期値を 0 とおき

$$G(s) = \frac{Y(s)}{U(s)}$$

の形に整理すると

$$G(s) = \frac{Y(s)}{U(s)} = \frac{\omega_\mathrm{n}^2}{s^2 + 2\zeta\omega_\mathrm{n}s + \omega_\mathrm{n}^2} \tag{6.12}$$

**周波数伝達関数** 式 (6.12) において，$s = a + j\omega$ の $a = 0$ として（あるいは $s$ に $j\omega$ を代入して）

$$\begin{aligned}
G(j\omega) &= \frac{\omega_\mathrm{n}^2}{\omega_\mathrm{n}^2 - \omega^2 + 2j\zeta\omega_\mathrm{n}\omega} \\
&= \frac{\omega_\mathrm{n}^2(\omega_\mathrm{n}^2 - \omega^2 - 2j\zeta\omega_\mathrm{n}\omega)}{(\omega_\mathrm{n}^2 - \omega^2 + 2j\zeta\omega_\mathrm{n}\omega)(\omega_\mathrm{n}^2 - \omega^2 - 2j\zeta\omega_\mathrm{n}\omega)} \\
&= \frac{\omega_\mathrm{n}^2\{(\omega_\mathrm{n}^2 - \omega^2) - j(2\zeta\omega_\mathrm{n}\omega)\}}{(\omega_\mathrm{n}^2 - \omega^2)^2 + 4\zeta^2\omega_\mathrm{n}^2\omega^2}
\end{aligned} \tag{6.13}$$

**振幅（ゲイン）特性**

$$\begin{aligned}
\beta(\omega) &= \bigl|G(j\omega)\bigr| \\
&= \sqrt{(\mathrm{Re}\{G(j\omega)\})^2 + (\mathrm{Im}\{G(j\omega)\})^2} \\
&= \frac{\omega_\mathrm{n}^2}{\sqrt{(\omega_\mathrm{n}^2 - \omega^2)^2 + (2\zeta\omega_\mathrm{n}\omega)^2}}
\end{aligned} \tag{6.14}$$

**位相特性**

$$\theta(\omega) = \angle G(j\omega) = \tan^{-1}\left(\frac{\text{Im}\{G(j\omega)\}}{\text{Re}\{G(j\omega)\}}\right)$$
$$= \tan^{-1}\left(\frac{-2\zeta\omega_n\omega}{\omega_n^2 - \omega^2}\right) \tag{6.15}$$

**特徴** 伝達関数 $G(s)$ の分母は $s$（あるいは $\omega$）の二次式であるが，$\zeta < 1$ の場合，実数の範囲で因数分解ができず，分母 $= 0$ とした特性方程式の解は共役複素数となる．また，$\zeta = 1$ では重根，$\zeta > 1$ では異なる 2 実根となり，6.2 節の二次遅れ系として表される．

また，図 6.3 に示すように $\omega \approx \omega_n$ で振幅比（ゲイン）が極大値をとり，そ

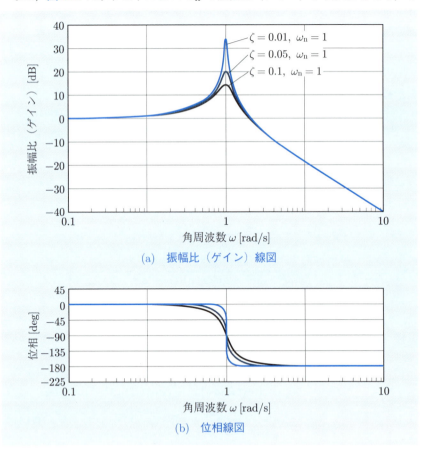

(a) 振幅比（ゲイン）線図

(b) 位相線図

図 6.3 二次遅れ系（二次振動系）要素のボード線図

6.3 二次遅れ系（二次振動系） **79**

の後，$\omega$ が増加するに従い減少し，十分な高周波数帯では振幅比（ゲイン）曲線の傾きは $-40\,\mathrm{dB/dec}$ となる．$\zeta$ が小さければ小さいほど極大値の大きさは大きくなる．また，位相は，低周波数帯で $0°$ 付近，極大値付近で $-90°$，高周波数帯で $-180°$ に近づく．

位相角の変化は，分母に $s$ が 2 つあるので $-180°$ ずれる．

---

● **振動的な二次遅れ系について** ●

機械力学でも学修する振動的な二次遅れ系は，質量 $m$，ばね $k$，ダンパ $c$ と外力 $f(t)$ を用いたモデル化で次のように表される．

$$m\ddot{y}(t) + c\dot{y}(t) + ky(t) = f(t) \tag{6.16}$$

両辺を $m$ で除し，整理すると

$$\begin{aligned}
\ddot{y}(t) + 2\zeta\omega_\mathrm{n}\dot{y}(t) + \omega_\mathrm{n}^2 y(t) &= \frac{f(t)}{m} \\
&= \frac{k}{m}\frac{f(t)}{k} \\
&= \omega_\mathrm{n}^2 \frac{f(t)}{k}
\end{aligned} \tag{6.17}$$

いま，$f(t) = F\sin\omega t$ とすると

$$\begin{aligned}
\ddot{y}(t) + 2\zeta\omega_\mathrm{n}\dot{y}(t) + \omega_\mathrm{n}^2 y(t) &= \omega_\mathrm{n}^2\frac{f(t)}{k} \\
&= \omega_\mathrm{n}^2 \frac{F}{k}\sin\omega t
\end{aligned} \tag{6.18}$$

となる．ここで，$\frac{F}{k}\sin\omega t$ を新たに $u(t)$ とおくと

$$\ddot{y}(t) + 2\zeta\omega_\mathrm{n}\dot{y}(t) + \omega_\mathrm{n}^2 y(t) = \omega_\mathrm{n}^2 u(t) \tag{6.19}$$

となって，伝達関数 $G(s)$ は次式となる．

$$\begin{aligned}
G(s) &= \frac{Y(s)}{U(s)} \\
&= \frac{\omega_\mathrm{n}^2}{s^2 + 2\zeta\omega_\mathrm{n}s + \omega_\mathrm{n}^2}
\end{aligned} \tag{6.20}$$

## 6章の問題

☐ **6.1** 時定数 $T = 0.05$，比例ゲイン $K = 0.1$ の一次遅れ系のボード線図を描け．

> 第8章において，計算機などを用いないでボード線図を描くことを学ぶが，本章では，表計算ソフトなどを使って，振幅（ゲイン）特性，位相特性を計算しグラフを描いてみること．また，時定数 $T$ や振幅比（ゲイン） $K$ を変化させて，グラフの変化を見ることを薦める．

☐ **6.2** 次の伝達関数のボード線図を描け．
$$G(s) = \frac{2}{20 + s}$$

☐ **6.3** 次の伝達関数のボード線図を描け．
$$G(s) = \frac{10}{(1 + 0.1s)(1 + 0.5s)}$$

☐ **6.4** 次の伝達関数のボード線図を描け．
$$G(s) = \frac{200}{(10 + s)(2 + s)}$$

# 第7章

# 伝達関数と
# 図式表現(3)

　本章で学修する系は，調節要素などに用いられることが多い要素である．これらの組合せによって制御系の特性を改善していく．また，むだ時間は物質の移送や処理時間による信号の遅れなどにみられることが多く，意識することが少ないが制御成績を悪化させる要因である．このような要素の特性についても理解しておくことが，実在系の特性を把握するうえで重要である．

**82**　　　　第 7 章　伝達関数と図式表現 (3)

## 7.1　一次進み要素

**動作**　出力が入力と入力の微分値によって決まる系

$$y(t) = K \left( u(t) + T \frac{du(t)}{dt} \right) \tag{7.1}$$

　時定数 $T$ [s]：大きければ大きいほど入力変化に対する応答が大きい.

　ゲイン定数 $K$：入力と出力との換算をする係数. 単位は［出力の単位/入力の単位］で決まる.

**伝達関数**　上式の両辺をラプラス変換して，すべての初期値を 0 とおき

$$G(s) = \frac{Y(s)}{U(s)}$$

の形に整理すると

$$G(s) = \frac{Y(s)}{U(s)} = K(1 + Ts) \tag{7.2}$$

**周波数伝達関数**　式 (7.2) において，$s = a + j\omega$ の $a = 0$ として（あるいは $s$ に $j\omega$ を代入して）

$$G(j\omega) = K(1 + jT\omega) \tag{7.3}$$

**振幅（ゲイン）特性**

$$\begin{aligned} \beta(\omega) &= \left| G(j\omega) \right| \\ &= \sqrt{(\mathrm{Re}\{G(j\omega)\})^2 + (\mathrm{Im}\{G(j\omega)\})^2} \\ &= K\sqrt{1^2 + (T\omega)^2} \end{aligned} \tag{7.4}$$

**位相特性**

$$\begin{aligned} \theta(\omega) &= \angle G(j\omega) \\ &= \tan^{-1}\left( \frac{\mathrm{Im}\{G(j\omega)\}}{\mathrm{Re}\{G(j\omega)\}} \right) \\ &= \tan^{-1}\left( \frac{T\omega}{1} \right) \\ &= \tan^{-1}(T\omega) \end{aligned} \tag{7.5}$$

## 7.1 一次進み要素

**特徴** 分子に $s$（あるいは $\omega$）が 1 つあるが，単独ではないため，ある周波数を境に特性が変化する．極低周波数の場合，$\omega \approx 0$ より振幅比は $K$ となり，比例要素と同じ特性を示す．また，極高周波数の場合，分子の 1 の影響が小さくなり，微分要素と同様の特性を示す．これらの特性の変わり目の周波数は，$T\omega = 1$ で求まる．すなわち

> $\omega < \frac{1}{T}$：振幅比（ゲイン）曲線の傾き 0 dB/dec で，位相 $0°$ に近い
> $\omega = \frac{1}{T}$：振幅比は $+3$ dB，位相は $+45°$
> $\frac{1}{T} < \omega$ より高周波数帯：ゲイン曲線の傾き $+20$ dB/dec．位相は $+90°$ に近づく

位相角の変化は，分子に $s$ が 1 つしかないので $+90°$．

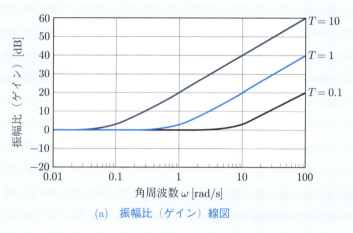

(a) 振幅比（ゲイン）線図

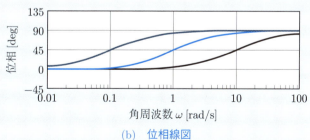

(b) 位相線図

図 7.1　一次進み要素のボード線図

**84**　　　　　　第 7 章　伝達関数と図式表現 (3)

## 7.2　位相進み要素

**動作**　入力の現在値と微分値の和が入力となる一次遅れ系

$$T_1 \frac{dy(t)}{dt} + y(t) = T_2 \frac{du(t)}{dt} + u(t) \quad (T_2 > T_1) \tag{7.6}$$

時定数 $T_1$, $T_2$ [s]：系の応答の速さを表す定数.

**伝達関数**

$$G(s) = \frac{1 + T_2 s}{1 + T_1 s} \quad (T_2 > T_1) \tag{7.7}$$

**周波数伝達関数**

$$G(j\omega) = \frac{1 + jT_2\omega}{1 + jT_1\omega} = \frac{(1 - jT_1\omega)(1 + jT_2\omega)}{(1 + jT_1\omega)(1 - jT_1\omega)}$$
$$= \frac{1 + T_1 T_2 \omega^2 - j(T_1 - T_2)\omega}{1 + T_1^2 \omega^2} \tag{7.8}$$

**振幅（ゲイン）特性**

$$\beta(\omega) = \left| G(j\omega) \right| = \sqrt{(\mathrm{Re}\{G(j\omega)\})^2 + (\mathrm{Im}\{G(j\omega)\})^2}$$
$$= \sqrt{\left( \frac{1 + T_1 T_2 \omega^2}{1 + T_1^2 \omega^2} \right)^2 + \left\{ \frac{-(T_1 - T_2)\omega}{(1 + T_1^2 \omega^2)} \right\}^2}$$
$$= \sqrt{\frac{1 + T_2^2 \omega^2}{1 + T_1^2 \omega^2}} \tag{7.9}$$

**位相特性**

$$\theta(\omega) = \angle G(j\omega) = \tan^{-1}\left( \frac{\mathrm{Im}\{G(j\omega)\}}{\mathrm{Re}\{G(j\omega)\}} \right)$$
$$= \tan^{-1}\left\{ \frac{-(T_1 - T_2)\omega}{1 + T_1 T_2 \omega^2} \right\} \tag{7.10}$$

**特徴**　伝達関数 $G(s)$ の分母分子に $s$（あるいは $\omega$）があるが，単独ではないため，ある周波数を境に特性が変化する．極低周波数の場合，$\omega \approx 0$ より振幅比は 1 となり，比例要素と同じ特性を示す．$T_2 > T_1$ であるため，分子の微分要素の働きが分母の積分要素の働きよりも低周波数側で出始めるが，極高周波数の場合，分母分子の影響がともに相殺しあって，再び比例要素と同じ特性となる．これらの特性の変わり目の周波数は，それぞれ $T_1\omega = 1$, $T_2\omega = 1$ で求まる．すなわち，$T_2 > T_1$ とすると

## 7.2 位相進み要素

$\omega < \frac{1}{T_2}$：振幅比（ゲイン）曲線の傾き $0\,\mathrm{dB/dec}$ で，位相は $0°$ に近い

$\omega = \frac{1}{T_2}$：振幅比（ゲイン）は $+3\,\mathrm{dB}$，位相は $+45°$ 近傍

$\frac{1}{T_2} < \omega < \frac{1}{T_1}$：振幅比（ゲイン）曲線の傾き $+20\,\mathrm{dB/dec}$

$\omega_\mathrm{m} = \frac{1}{\sqrt{T_1 T_2}}$：位相角の最大値を与える角周波数

$\phi_\mathrm{m} = \sin^{-1} \frac{T_2 - T_1}{T_1 + T_2}$：位相角の最小値

$\sqrt{\frac{T_2}{T_1}}$：$\omega_\mathrm{m}$ でのゲインの変化分

$\omega = \frac{1}{T_1}$：位相は $+45°$ 近傍

$\frac{1}{T_1} < \omega$：振幅比（ゲイン）曲線の傾き $0\,\mathrm{dB/dec}$．位相は $0°$ に近づく

位相角の変化は，分母分子に $s$ が 1 つずつあるので超高周波数域では $0°$ に戻る．

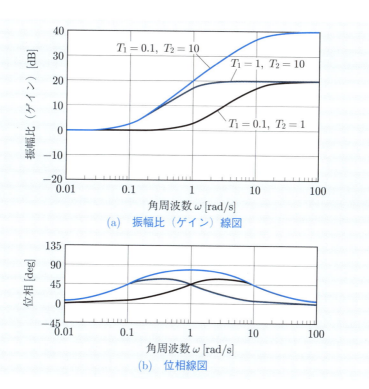

(a) 振幅比（ゲイン）線図

(b) 位相線図

図 7.2　位相進み要素のボード線図

## 7.3 位相遅れ要素

**動作**　入力の現在値と微分値の和が入力となる一次遅れ系

$$T_1 \frac{dy(t)}{dt} + y(t) = T_2 \frac{du(t)}{dt} + u(t) \quad (T_1 > T_2) \tag{7.11}$$

時定数 $T_1, T_2$ [s]：系の応答の速さを表す定数.

**伝達関数**

$$G(s) = \frac{1 + T_2 s}{1 + T_1 s} \quad (T_1 > T_2) \tag{7.12}$$

**周波数伝達関数**

$$\begin{aligned}
G(j\omega) &= \frac{1 + jT_2\omega}{1 + jT_1\omega} = \frac{(1 - jT_1\omega)(1 + jT_2\omega)}{(1 + jT_1\omega)(1 - jT_1\omega)} \\
&= \frac{1 + T_1 T_2\omega^2 - j(T_1 - T_2)\omega}{1 + T_1^2\omega^2}
\end{aligned} \tag{7.13}$$

**振幅（ゲイン）特性**

$$\begin{aligned}
\beta(\omega) &= \big|G(j\omega)\big| = \sqrt{(\mathrm{Re}\{G(j\omega)\})^2 + (\mathrm{Im}\{G(j\omega)\})^2} \\
&= \sqrt{\left(\frac{1 + T_1 T_2\omega^2}{1 + T_1^2\omega^2}\right)^2 + \left\{\frac{-(T_1 - T_2)\omega}{(1 + T_1^2\omega^2)}\right\}^2} \\
&= \sqrt{\frac{1 + T_2^2\omega^2}{1 + T_1^2\omega^2}}
\end{aligned} \tag{7.14}$$

**位相特性**

$$\begin{aligned}
\theta(\omega) &= \angle G(j\omega) = \tan^{-1}\left(\frac{\mathrm{Im}\{G(j\omega)\}}{\mathrm{Re}\{G(j\omega)\}}\right) \\
&= \tan^{-1}\left(\frac{-(T_1 - T_2)\omega}{1 + T_1 T_2\omega^2}\right)
\end{aligned} \tag{7.15}$$

**特徴**　伝達関数 $G(s)$ の分母分子に $s$（あるいは $\omega$）があるが，単独ではないため，ある周波数を境に特性が変化する．極低周波数の場合，$\omega \approx 0$ より振幅比は 1 となり，比例要素と同じ特性を示す．$T_1 > T_2$ であるため，分母の積分要素の働きが分子の微分要素の働きよりも低周波数側で出始めるが，極高周波数の場合，分母分子の影響がともに相殺しあって，再び比例要素と同じ特性となる．これらの特性の変わり目の周波数は，それぞれ $T_1\omega = 1$, $T_2\omega = 1$ で求まる．すなわち，$T_1 > T_2$ とすると

## 7.3 位相遅れ要素

- $\omega < \frac{1}{T_1}$：振幅比（ゲイン）曲線の傾き $0\,\mathrm{dB/dec}$ で，位相は $0°$ に近い
- $\omega = \frac{1}{T_1}$：振幅比（ゲイン）は $-3\,\mathrm{dB}$，位相は $-45°$ 近傍
- $\frac{1}{T_1} < \omega < \frac{1}{T_2}$：振幅比（ゲイン）曲線の傾き $-20\,\mathrm{dB/dec}$
- $\omega_\mathrm{m} = \frac{1}{\sqrt{T_1 T_2}}$：位相角の最小値
- $\phi_\mathrm{m} = \sin^{-1}\frac{T_2 - T_1}{T_1 + T_2}$：位相角の最小値
- $\sqrt{\frac{T_2}{T_1}}$：$\omega_\mathrm{m}$ でのゲインの変化分
- $\omega = \frac{1}{T_2}$：位相は $-45°$ 近傍
- $\frac{1}{T_2} < \omega$：振幅比（ゲイン）曲線の傾き $0\,\mathrm{dB/dec}$．位相は $0°$ に近づく

位相角の変化は，分母分子に $s$ が $1$ つずつあるので超高周波数域では $0°$ に戻る．

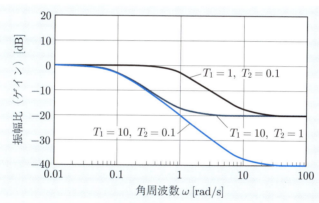

(a) 振幅比（ゲイン）線図

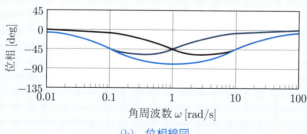

(b) 位相線図

図 7.3　位相遅れ要素のボード線図

**88**　　第 7 章　伝達関数と図式表現 (3)

## 7.4　むだ時間要素

**動作**　入力がむだ時間（dead time）$L$ 秒だけ遅れて出力される系

$$y(t) = u(t - L) \tag{7.16}$$

**伝達関数**　上式の両辺をラプラス変換して

$$G(s) = \frac{Y(s)}{U(s)}$$

の形に整理すると

$$G(s) = \frac{Y(s)}{U(s)} = e^{-Ls} \tag{7.17}$$

**周波数伝達関数**　式 (7.17) において，$s = a + j\omega$ の $a = 0$ として（あるいは $s$ に $j\omega$ を代入して）

$$
\begin{aligned}
G(j\omega) &= e^{-j\omega L} \\
&= \cos(\omega L) - j\sin(\omega L) \tag{7.18}
\end{aligned}
$$

**振幅（ゲイン）特性**

$$
\begin{aligned}
\beta(\omega) &= \big|G(j\omega)\big| \\
&= \sqrt{(\mathrm{Re}\{G(j\omega)\})^2 + (\mathrm{Im}\{G(j\omega)\})^2} \\
&= \sqrt{\cos(\omega L)^2 + \{-\sin(\omega L)\}^2} \\
&= 1 \tag{7.19}
\end{aligned}
$$

**位相特性**

$$
\begin{aligned}
\theta(\omega) &= \angle G(j\omega) \\
&= \tan^{-1}\left(\frac{\mathrm{Im}\{G(j\omega)\}}{\mathrm{Re}\{G(j\omega)\}}\right) \\
&= \tan^{-1}\left(\frac{-\sin(\omega L)}{\cos(\omega L)}\right) \\
&= -\omega L \,\frac{180}{\pi} \tag{7.20}
\end{aligned}
$$

## 7.4 むだ時間要素

**特徴** 入出力間では，時間が $L$ 秒だけ遅れるだけなので，大きさの変化はない．つまり振幅比（ゲイン）は常に 1．

　位相角の変化は，$\omega$ の増加に伴い極めて大きくなり，制御系の制御成績の悪化につながる．

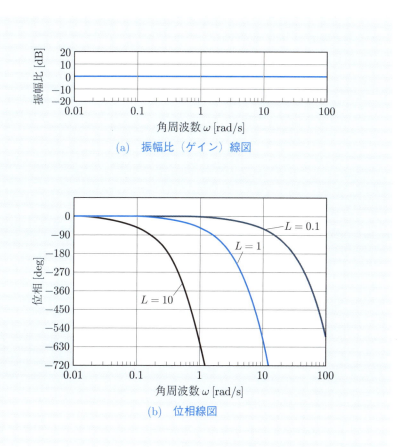

(a) 振幅比（ゲイン）線図

(b) 位相線図

図 7.4 むだ時間要素のボード線図

## 7章の問題

**7.1** 次の伝達関数の系について，系のボード線図を描いて，位相進み要素か位相遅れ要素のいずれかを判定せよ．

$$G(s) = \frac{1 + T_2 s}{1 + T_1 s}$$

(1) 時定数 $T_1 = 0.01, T_2 = 10$ のとき
(2) 時定数 $T_1 = 10, T_2 = 1$ のとき

**7.2** $0.2\,\mathrm{rad/s}$ で $20\,\mathrm{dB}$，$20\,\mathrm{rad/s}$ で $40\,\mathrm{dB}$ の振幅比となる一次進み要素の伝達関数を示し，ボード線図を描け．

# 第8章

# ボード線図の合成と分解

　前章では，周波数領域で制御系の特性を表現するために，ボード線図を用いた．系が複雑になるとボード線図を描く手順が煩雑になることが予想される．また，実験的に得られたボード線図から系の特性の推定ができると，詳細な計算をすることなく実用的なモデル化を行うことができ，制御系の特性把握・制御設計に役立てることができる．本章では，第5章〜第7章で学んだ基本要素を基に，複雑な系のボード線図の合成と，ボード線図の分解による伝達関数の推定について理解する．

**92** 第8章 ボード線図の合成と分解

## 8.1 ボード線図の合成

前章では，周波数伝達関数 $G(j\omega)$ を用いて，定義に従ってボード線図を描くことを学んだが，基本的な要素（比例，積分，微分，一次遅れなど）のボード線図を図式的に用いることによって，複雑な系のボード線図を周波数伝達関数 $G(j\omega)$ の計算を行うことなく描くことができる．

もう一度，ボード線図を振り返ってみる．横軸は系への入力の角振動数 [rad/s]，縦軸は dB 表示された振幅比（ゲイン）と位相角 [deg] である．また，このボード線図を描くための系の特性表現は，周波数伝達関数 $G(j\omega)$ であり，その物理的意味は，ある角周波数 $\omega$ の信号が入力されたとき，（十分に時間が経過して出力信号の振幅が一定になった定常状態での）出力は，入力と比べて振幅が $\beta(\omega)$ 倍になり，位相は $\phi(\omega)$ ずれる．入力を $e^{j\omega t}$ として，これを式で表すと

$$
\begin{aligned}
y(t) &= \beta(\omega) e^{j\phi(\omega)} e^{j\omega t} \\
&= |G(j\omega)| e^{j\angle G(j\omega)} e^{j\omega t}
\end{aligned}
\tag{8.1}
$$

となる．

同様に，入力 $e^{j\omega t}$ が 2 つの系を通過した後の出力は，以下のようになる．一つ目の系の出力を $y_1(t)$，二つ目の系の出力を $y_2(t)$ とする．

$$
\begin{aligned}
y_1(t) &= \beta_1(\omega) e^{j\phi_1(\omega)} e^{j\omega t} \\
&= |G_1(j\omega)| e^{j\angle G_1(j\omega)} e^{j\omega t}
\end{aligned}
\tag{8.2}
$$

$$
\begin{aligned}
y_2(t) &= \beta_2(\omega) e^{j\phi_2(\omega)} y_1(t) \\
&= |G_2(j\omega)| e^{j\angle G_2(j\omega)} y_1(t) \\
&= \beta_2(\omega) e^{j\phi_2(\omega)} \beta_1(\omega) e^{j\phi_1(\omega)} e^{j\omega t} \\
&= \beta_2(\omega) \beta_1(\omega) e^{j(\phi_2(\omega)+\phi_1(\omega))} e^{j\omega t}
\end{aligned}
\tag{8.3}
$$

すなわち，二つ目の系の出力は，一つ目の系への入力の振幅が $\beta_2(\omega)\beta_1(\omega)$ 倍され，位相が $\phi_2(\omega) + \phi_1(\omega)$ ずれたものとなる．これは，系がいくつ直列に繋がっていても同じであり，$n$ 個の系が直列に繋がっているとすると，その最終出力は以下で求められる．

## 8.1 ボード線図の合成

$$y_n(t) = \underbrace{\prod_{i=1}^{n} \beta_i(\omega)}_{\text{全体の振幅比}} \underbrace{\exp\left(j\sum_{i=1}^{n} \phi_i(\omega)\right)}_{\text{全体の位相}} e^{j\omega t} \qquad (8.4)$$

結局，直列に繋がっている系の振幅比（ゲイン）特性をすべて乗じ，位相特性をすべて加えたものが系全体の特性となる．このように系の特性を単純な計算でまとめられることが，周波数領域での利点である．

これを図式的にみると，位相特性はそれぞれの位相角を加えれば良いことは直観的に分かる．さらに，振幅比（ゲイン）特性についても，ボード線図では値の対数をとった dB 表示になっていることに注意すると，それぞれの特性をすべて加えることによって乗算に替えることができることが分かる．つまり，両特性ともそれぞれのボード線図を図式的に加え合わせることによって，複雑な系のボード線図を描くことができる．これが，ボード線図の合成である．ボード線図の合成のために，次のように基本形を準備する．

図 8.1 には

- $s$ を含まない比例要素，
- 単独の $s$ を含む積分要素・微分要素，
- 実数の範囲で因数を 1 つ持つ一次遅れ要素・一次進み要素，
- 実数の範囲で因数を持たない（振動的）二次遅れ要素

を示す．機械系の場合には，これらの要素の組合せで系をモデル化することが可能である．また，特に断らない限りパラメータは正の実数である．振幅比の傾きは $\pm 20\,\mathrm{dB/dec}$ の整数倍，位相角の変化や初期値が $\pm 90°$ の整数倍になっていることに注意すると理解しやすい．また，符号についても，分母に $s$ がある場合には $-$，分子に $s$ がある場合には $+$ になることに注意する．

## 第 8 章　ボード線図の合成と分解

┌─ ボード線図合成のための基本形 ─────────────

- 比例要素

$$G(s) = K$$

　振幅比一定，位相 $0°$ 一定

- 積分要素

$$G(s) = \frac{1}{s}$$

　振幅比の傾き $-20\,\mathrm{dB/dec}$ 一定，位相 $-90°$ 一定

- 微分要素

$$G(s) = s$$

　振幅比の傾き $+20\,\mathrm{dB/dec}$ 一定，位相 $+90°$ 一定

- 一次遅れ要素

$$G(s) = \frac{1}{1 + Ts}$$

　振幅比の傾き：$\omega < \dfrac{1}{T}$ まで $0\,\mathrm{dB/dec}$，$\omega > \dfrac{1}{T}$ で $-20\,\mathrm{dB/dec}$

　位相：極低周波数で $0°$，$\omega = \dfrac{1}{T}$ で $-45°$，極高周波数で $-90°$

- 一次進み要素

$$G(s) = 1 + Ts$$

　振幅比の傾き：$\omega < \dfrac{1}{T}$ まで $0\,\mathrm{dB/dec}$，$\omega > \dfrac{1}{T}$ で $+20\,\mathrm{dB/dec}$

　位相：極低周波数で $0°$，$\omega = \dfrac{1}{T}$ で $+45°$，極高周波数で $+90°$

- (振動的) 二次遅れ要素

$$G(s) = \frac{\omega_{\mathrm{n}}^2}{s^2 + 2\zeta\omega_{\mathrm{n}}s + \omega_{\mathrm{n}}^2}$$

　振幅比の傾き：$\omega < \dfrac{\omega_{\mathrm{n}}}{10}$ まで $0\,\mathrm{dB/dec}$，約 $\omega > 2\omega_{\mathrm{n}}$ で $-40\,\mathrm{dB/dec}$

　共振点：$\omega = \sqrt{1 - 2\zeta^2}\,\omega_{\mathrm{n}}$ で最大振幅比 $\dfrac{1}{2\zeta\sqrt{1 - \zeta^2}}$

　位相：極低周波数で $0°$，$\omega = \omega_{\mathrm{n}}$ で $-90°$，極高周波数で $-180°$

　$\zeta$ が小さいほど変化が急峻（$\zeta \geq 0.707$ では共振点が現れない）

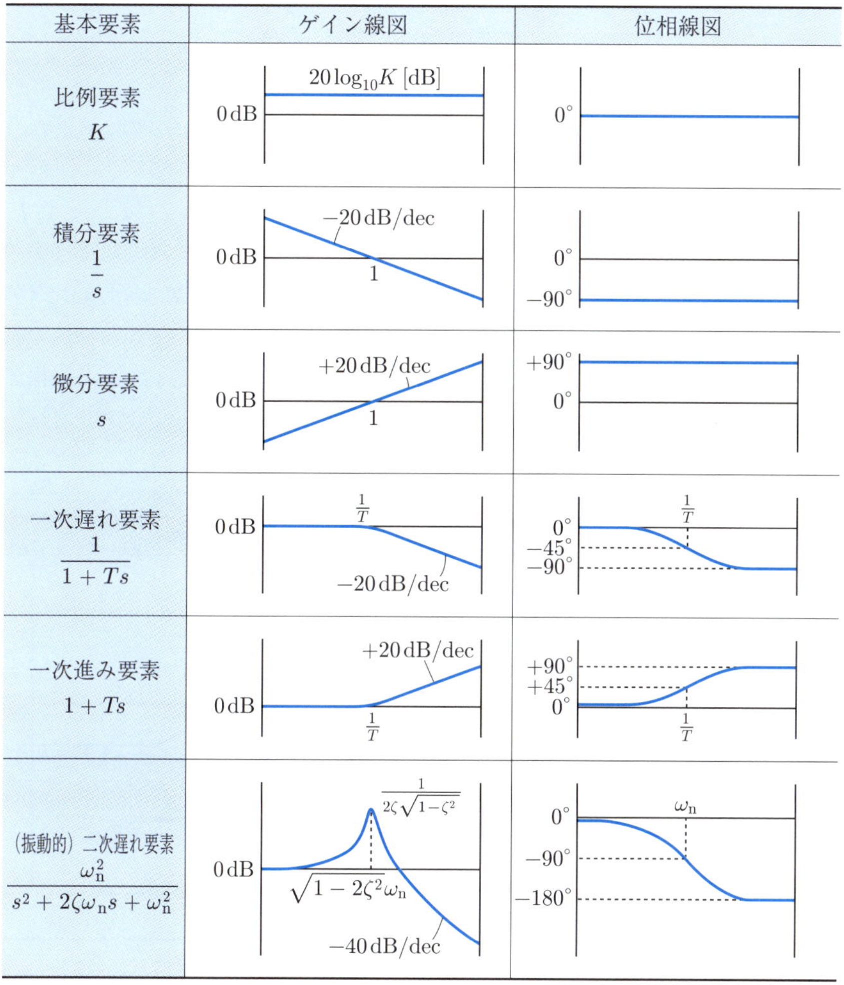

## 8.1 ボード線図の合成

| 基本要素 | ゲイン線図 | 位相線図 |
|---|---|---|
| 比例要素 $K$ | $20\log_{10}K\,[\mathrm{dB}]$, $0\,\mathrm{dB}$ | $0°$ |
| 積分要素 $\dfrac{1}{s}$ | $-20\,\mathrm{dB/dec}$, $0\,\mathrm{dB}$, $1$ | $0°$, $-90°$ |
| 微分要素 $s$ | $+20\,\mathrm{dB/dec}$, $0\,\mathrm{dB}$, $1$ | $+90°$, $0°$ |
| 一次遅れ要素 $\dfrac{1}{1+Ts}$ | $0\,\mathrm{dB}$, $\dfrac{1}{T}$, $-20\,\mathrm{dB/dec}$ | $0°$, $-45°$, $-90°$, $\dfrac{1}{T}$ |
| 一次進み要素 $1+Ts$ | $+20\,\mathrm{dB/dec}$, $0\,\mathrm{dB}$, $\dfrac{1}{T}$ | $+90°$, $+45°$, $0°$, $\dfrac{1}{T}$ |
| (振動的) 二次遅れ要素 $\dfrac{\omega_{\mathrm{n}}^2}{s^2+2\zeta\omega_{\mathrm{n}}s+\omega_{\mathrm{n}}^2}$ | $\dfrac{1}{2\zeta\sqrt{1-\zeta^2}}$, $0\,\mathrm{dB}$, $\sqrt{1-2\zeta^2}\,\omega_{\mathrm{n}}$, $-40\,\mathrm{dB/dec}$ | $0°$, $\omega_{\mathrm{n}}$, $-90°$, $-180°$ |

図 8.1　ボード線図合成のための基本形

図 8.2 のように振動的でない二次遅れ系のボード線図を合成してみる．（振動的でない）二次遅れ系の伝達関数 $G(s)$ は，以下のように基本形の積として変形できる．

$$G(s) = \frac{K}{(1+T_1 s)(1+T_2 s)} = \underbrace{\frac{1}{1+T_1 s}}_{\text{一次遅れ}} \underbrace{\frac{1}{1+T_2 s}}_{\text{一次遅れ}} \underbrace{K}_{\text{比例}} \tag{8.5}$$

時定数 $T_1$ の一次遅れ系の折れ点周波数は $1/T_1$ となり，時定数 $T_2$ の一次遅れ系の折れ点周波数は $1/T_2$ となる．いま，時定数 $T_1, T_2$ が十分に異なっている場合，$T_1 > T_2$ とすると，振幅比の傾きは，$\omega < 1/T_1$ で $0\,\text{dB/dec}$, $1/T_1 < \omega < 1/T_2$ で $-20\,\text{dB/dec}$, $\omega > 1/T_2$ で $-40\,\text{dB/dec}$ となる．基本形では振幅比（ゲイン）を 1 としているので，これら 2 つの要素のみでは極低周波数域で振幅比（ゲイン）は $0\,\text{dB}$ となる．三つ目の比例要素の値が $K$ であるので，振幅特性の曲線を $20\log_{10} K$ [dB] だけ上下方向に平行移動すると合成が完了する．位相線図は，極低周波数域で $0°$, $\omega = 1/T_1$ で $-45°$ 付近，$\omega = 1/T_2$ で $-135°$ 付近，極高周波数で $-180°$ になるように注意する．

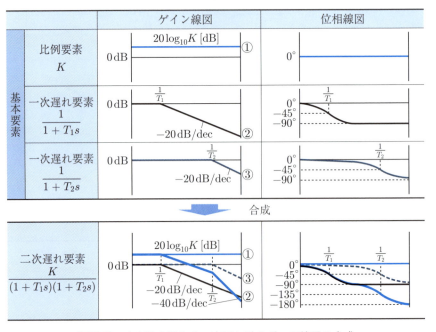

図 8.2　時定数の異なる二次遅れ系のボード線図の合成

## 8.1 ボード線図の合成

図 8.3 のように同じ振動的でない二次遅れ系においても，時定数

$$T_1 = T_2 = T$$

の場合は

$$G(s) = \frac{K}{(1+Ts)^2} = \underbrace{\frac{1}{1+Ts}}_{\text{一次遅れ}} \underbrace{\frac{1}{1+Ts}}_{\text{一次遅れ}} \underbrace{K}_{\text{比例}} \tag{8.6}$$

となり，2つの一次遅れ系の折れ点周波数は，ともに $1/T$ となる．振幅比の傾きは，$\omega < 1/T$ で $0\,\mathrm{dB/dec}$，$\omega > 1/T$ で $-40\,\mathrm{dB/dec}$ となり，$-20\,\mathrm{dB/dec}$ の傾きは現れない．基本形では振幅比（ゲイン）を 1 としているので，これら 2 つの要素のみでは極低周波数域で振幅比（ゲイン）は $0\,\mathrm{dB}$ となる．三つ目の比例要素の値が $K$ であるので，振幅特性の曲線を $20\log_{10} K$ [dB] だけ上下方向に平行移動すると合成が完了する．位相線図は，極低周波数域で $0°$，$\omega = 1/T$ では $-45°$ が重なって $-90°$，極高周波数では $-180°$ になるので注意する．

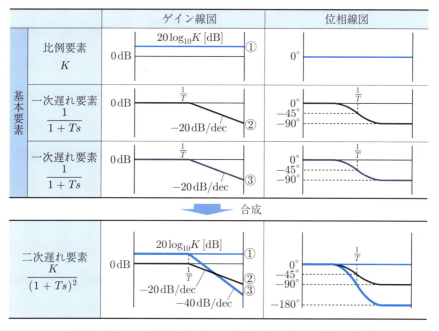

図 8.3 同一の時定数を有する二次遅れ系のボード線図の合成

## 8.2 ボード線図の分解による伝達関数の推定

ボード線図の合成と逆の作業を行うことにより，伝達関数の不明な未知の系であっても，そのボード線図から伝達関数を推定することができる．ボード線図の極低周波数帯での位相角，振幅比（ゲイン）線図の傾きと傾きが変化する角周波数，極大値の有無などを目安にボード線図を分解する．このときにも，図 8.1 に示す基本形が有効である．

┌─ ボード線図の分解時，始めに注目すべき点 ──────
極低周波数域での振幅比（ゲイン）線図の傾きと位相角

- 0 dB/dec, 0° 付近 ⇒ 単独の $s$ なし
- $-20n$ [dB/dec], $-90n°$ 付近 ⇒ 分母に単独の $s$ が $n$ 個
- $+20m$ [dB/dec], $+90m°$ 付近 ⇒ 分子に単独の $s$ が $m$ 個

たとえば，図 8.4 の場合

① 未知の系の位相線図の極低周波数における値が $-90°$ 付近であり，ゲイン線図の傾きが $-20$ dB/dec であることから，伝達関数の分母に単独の $s$ があること，つまり，積分要素 $1/s$ があることが分かる．

② 次に，ゲイン線図の傾きが，角周波数 $1/T_1$ と $1/T_2$ で変化していることに注目する．角周波数 $1/T_1$ ではゲイン線図の傾きが $-20$ dB/dec 変化しているので，時定数 $T_1$ の一次遅れ系があることが分かる．

③ 一方，角周波数 $1/T_2$ ではゲイン線図の傾きが $+20$ dB/dec 変化しているので，時定数 $T_2$ の一次進み系があることが分かる．

④ 最後に，系全体のゲインを決定するために，角周波数 1 rad/s におけるあるべきゲインを求める．積分要素では積分時間を 1 としているので 0 dB，一次遅れ要素の折れ点周波数 $1/T_1 > 1$，一次進み要素の折れ点周波数 $1/T_2 > 1$ であるのでともに 0 dB であるから，角周波数 1 rad/s におけるあるべきゲインは 0 dB となる．しかしながら，図中④のように $20 \log_{10} K$ [dB] のゲインがあるので，これより系全体のゲイン $K$ を求める．

①〜④の結果，未知の系の伝達関数は

## 8.2 ボード線図の分解による伝達関数の推定

$$G(s) = \frac{K(1+T_2s)}{s(1+T_1s)} \tag{8.7}$$

と推定できる．

いずれかの要素の折れ点周波数が 1 rad/s より小さい場合は 1 rad/s でのゲイン線図の値をそのまま用いず，1 rad/s でのゲインをそれぞれの要素について求め，最終的なゲインを求めなくてはならないことに注意しなければならない．

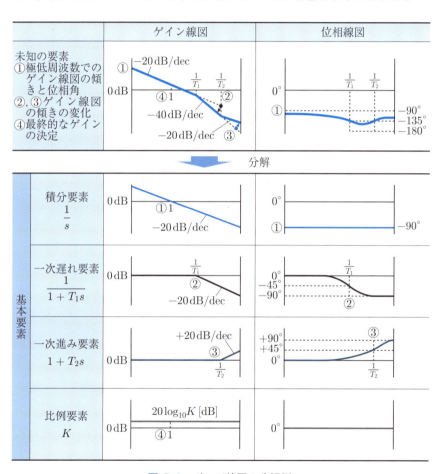

図 8.4 ボード線図の分解例

## 8章の問題

- **8.1** 次の伝達関数のボード線図を，2つの一次遅れ系と1つの比例要素のボード線図の合成で描け．
$$G(s) = \frac{10}{(1+0.1s)(1+0.02s)}$$

- **8.2** 次の伝達関数のボード線図を，2つの一次遅れ系と1つの比例要素のボード線図の合成で描け．
$$G(s) = \frac{5000}{(10+s)(50+s)}$$

- **8.3** 次の伝達関数のボード線図を基本要素のボード線図の合成で描け．
$$G(s) = \frac{10(1+0.1s)}{s(1+0.02s)}$$

- **8.4** 次のボード線図のゲイン曲線から，伝達関数を推定せよ．また，推定の過程を示せ．極低周波数域での位相角は $-90°$ とする．

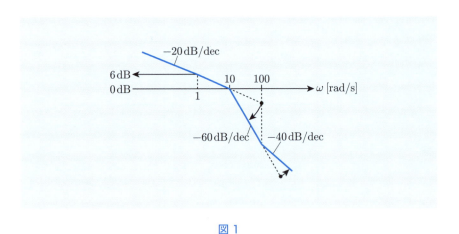

図1

# 第9章

# 極 と 出 力

　微分方程式から伝達関数 $G(s)$ が得られ，伝達関数 $G(s)$ から周波数伝達関数 $G(j\omega)$ が得られる過程は前章で学んだ．では，系から出力される応答はどのようになるだろうか．系の応答の良し悪しを評価することによって制御系の調整を行うので，伝達関数 $G(s)$ や周波数伝達関数 $G(j\omega)$ で表される系の出力の求め方は大切である．

**102**　　　　　　　　　第 9 章　極 と 出 力

## 9.1　系の時間応答出力の求め方

　系の入出力関係を表現した周波数伝達関数や伝達関数を知っただけでは，系全体の特性を理解することは難しい．ある入力が系に印加されたとき，系から出力される応答が時刻歴でどのように変化するかが制御成績を評価するために重要である．系にある入力が印加されたときの出力を知るために，式 (3.16) や式 (4.7) に示すように，周波数領域において伝達関数と入力との積を求め，その結果である出力を逆変換することによって時間領域で解（時間応答）を求める．特に，制御系の評価を行うためには，次の 3 つがよく使われる．

- インパルス応答：時刻 $t = 0$ で大きさ $\infty$ である単位インパルス関数が入力のとき
- ステップ応答：時刻 $t < 0$ で大きさ 0，$t > 0$ で有限で一定の大きさである単位ステップ関数が入力のとき
- ランプ応答：時刻 $t < 0$ で大きさ 0，$t > 0$ で時間に比例して増加するランプ関数が入力のとき

　式 (9.1) に示すように，系の伝達関数を $G(s)$，入力のラプラス変換を $U(s)$ とすると，出力のラプラス変換 $Y(s)$ は次式で示される．

$$Y(s) = G(s)U(s) \tag{9.1}$$

　入力として多く使用されるものは図 9.1 に示すような，単位インパルス入力，単位ステップ入力（大きさが 1），ランプ入力であり，それぞれの入力のラプラス変換は

$$U_{\mathrm{impulse}}(s) = 1 \tag{9.2}$$

$$U_{\mathrm{step}}(s) = \frac{1}{s} \tag{9.3}$$

$$U_{\mathrm{ramp}}(s) = \frac{1}{s^2} \tag{9.4}$$

　以下，系の安定・不安定を問わず時間領域の解を求めることができるよう，系の特性表現として伝達関数 $G(s)$ を用いて系の出力を求める．

## 9.1 系の時間応答出力の求め方

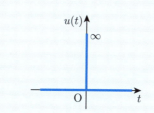

(a) 単位インパルス関数（デルタ関数）

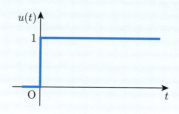

(b) 単位ステップ関数

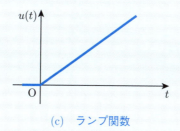

(c) ランプ関数

図 9.1　よく用いられる入力信号

**104** 第9章 極と出力

## 9.2 一次遅れ系の応答

センサの動特性やDCモータの回転速度の時間変化など，多くの機械的要素の特性を表す一次遅れ系を例に，単位インパルス入力，単位ステップ入力，ランプ入力に対するそれぞれの出力を求める．

一次遅れ系の伝達関数 $G(s)$ は，時定数を $T$，ゲイン定数を $K$ として次式で示される．

$$G(s) = \frac{K}{1 + Ts} \tag{9.5}$$

以下，各出力を求める．

### 9.2.1 インパルス応答

系への入力を単位インパルス関数（デルタ関数）としたときの出力を，**単位インパルス応答**（impulse response）と呼ぶ．単位インパルス入力のラプラス変換は

$$U_{\mathrm{impulse}}(s) = 1 \tag{9.6}$$

であるので，単位インパルス応答は次のように求まる．

$$
\begin{aligned}
Y(s) &= G(s)\,U(s) \\
&= \frac{K}{1 + Ts} \cdot 1
\end{aligned} \tag{9.7}
$$

なので

$$
\begin{aligned}
y(t) &= \mathcal{L}^{-1}\big\{Y(s)\big\} \\
&= \mathcal{L}^{-1}\left\{\frac{K}{1 + Ts} \cdot 1\right\} \\
&= \mathcal{L}^{-1}\left\{\frac{K}{1 + Ts}\right\} \\
&= K\,\mathcal{L}^{-1}\left\{\frac{1}{T(\frac{1}{T} + s)}\right\} \\
&= \frac{K}{T}\,e^{-t/T}
\end{aligned} \tag{9.8}
$$

## 9.2.2 ステップ応答

系への入力を単位ステップ関数としたときの出力を，**単位ステップ応答**（step response）と呼ぶ．単位ステップ入力のラプラス変換は

$$U_{\text{step}}(s) = \frac{1}{s} \tag{9.9}$$

であるので，単位ステップ応答は以下のように求まる．

$$Y(s) = G(s)\,U(s)$$
$$= \frac{K}{1+Ts}\frac{1}{s} \tag{9.10}$$

これを逆変換して，時間領域の応答 $y(t)$ を求める．

$$y(t) = \mathcal{L}^{-1}\big\{Y(s)\big\}$$
$$= \mathcal{L}^{-1}\left\{\frac{K}{1+Ts}\frac{1}{s}\right\}$$
$$= \mathcal{L}^{-1}\underbrace{\left\{\frac{A_1}{s} + \frac{A_2}{1+Ts}\right\}}_{\text{部分分数展開}}$$
$$= \mathcal{L}^{-1}\left\{\frac{K}{s} + \frac{-KT}{1+Ts}\right\}$$
$$= K\,\mathcal{L}^{-1}\left\{\frac{1}{s} + \frac{-T}{T(\frac{1}{T}+s)}\right\}$$
$$= K\left(1 - e^{-t/T}\right) \tag{9.11}$$

## 9.2.3 ランプ応答

系への入力をランプ関数（時間の経過とともに入力の大きさが増大する関数）としたときの出力を，**ランプ応答**（ramp response）と呼ぶ．ランプ入力のラプラス変換は

$$U_{\text{ramp}}(s) = \frac{1}{s^2} \tag{9.12}$$

であるので，ランプ応答は以下のように求まる．

$$Y(s) = G(s)\,U(s) = \frac{K}{1+Ts}\frac{1}{s^2} \tag{9.13}$$

これを逆変換して，時間領域の応答 $y(t)$ を求める．

$$y(t) = \mathcal{L}^{-1}\{Y(s)\} = \mathcal{L}^{-1}\left\{\frac{K}{1+Ts}\frac{1}{s^2}\right\}$$

$$= \mathcal{L}^{-1}\underbrace{\left\{\frac{A_1}{s} + \frac{A_2}{s^2} + \frac{A_3}{1+Ts}\right\}}_{\text{部分分数展開}}$$

$$= \mathcal{L}^{-1}\left\{\frac{-KT}{s} + \frac{K}{s^2} + \frac{KT^2}{1+Ts}\right\}$$

$$= K\mathcal{L}^{-1}\left\{\frac{1}{s^2} - T\left(\frac{1}{s} - \frac{T}{T(\frac{1}{T}+s)}\right)\right\}$$

$$= K\left\{t - T\left(1 - e^{-t/T}\right)\right\} \quad (9.14)$$

一次遅れ要素は，DCモータの印加電圧と回転角速度との関係や各種センサの応答特性など，多くの工業製品の動的な特性を表すときに用いられる．よって，図9.2の応答の概略，特にステップ応答の概略はよく理解しておく必要がある．入力直後，直線状に急激に増加し，徐々にその増加率は減少して，やがて最終平衡値に漸近していく．時定数$T$と同時刻経過後の出力は

$$y(T) = 0.632y(\infty)$$

となることから，一次遅れ要素の時定数$T$を実験的に求めるにはステップ応答波形から最終平衡値$y(\infty)$の63.2%となる時刻を読み取る．また，ゲイン定数$K$が大きくなると最終平衡値は大きくなる．

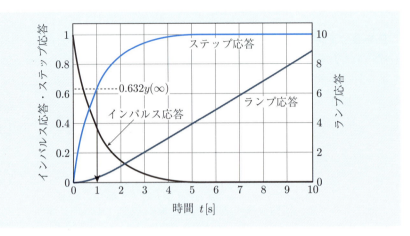

図9.2　一次遅れ系の各応答（$T = 1$ [s], $K = 1$）

## 例題 9.1

次の図に示すタンクの熱系について，ヒータの発熱流 $A(t)$ [kW] をステップ状に入力した場合のタンク内の水温変化 $\theta(t)$ [K] を求めよ．ただし，記号は以下の通りとする．

$C_\mathrm{T}$ [J/K]：タンクの熱容量，　　$C_\mathrm{p}$ [J/(kg·K)]：水の比熱，
$q$ [m³/s]：タンクへの流入流量，　　$t$ [s]：ヒータ通電開始からの経過時間，
$\theta_\mathrm{w}$ [K]：流入水温，　　　　　　$V$ [m³]：タンク内の水の体積，
$\rho$ [kg/m³]：水の密度

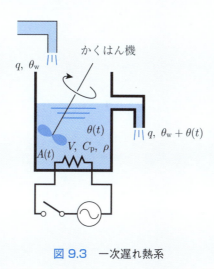

図 9.3　一次遅れ熱系

【解答】　ヒータに通電される前に十分に時間が経過しており，タンクは流入水温と同じ温度になっているとする．ヒータ通電後，微小時間 $\Delta t$ の間にタンク内の水温が $\Delta\theta(t)$ 上昇するとして，流入，流出，蓄積される熱量を考える．

● タンクに流入する熱量 [J]：

$$q\Delta t\rho C_\mathrm{p}\theta_\mathrm{w} + A(t)\Delta t$$

● タンクから流出する熱量 [J]：

$$q\Delta t\rho C_\mathrm{p}(\theta_\mathrm{w} + \Delta\theta(t))$$

● タンク内に蓄積する熱量 [J]：

$$(V\rho C_\mathrm{p} + C_\mathrm{T})\Delta\theta(t)$$

**108**　　　　　　第9章　極と出力

タンクに流入する熱量とタンクから流出する熱量の差がタンク内に蓄積する熱量となるので

$$(V\rho C_{\mathrm{p}} + C_{\mathrm{T}})\Delta\theta(t) = q\Delta t\rho C_{\mathrm{p}}\theta_{\mathrm{w}} + A(t)\Delta t - q\Delta t\rho C_{\mathrm{p}}\big(\theta_{\mathrm{w}} + \Delta\theta(t)\big)$$

$$(V\rho C_{\mathrm{p}} + C_{\mathrm{T}})\Delta\theta(t) = A(t)\Delta t - q\Delta t\rho C_{\mathrm{p}}\Delta\theta(t)$$

$$(V\rho C_{\mathrm{p}} + C_{\mathrm{T}})\frac{\Delta\theta(t)}{\Delta t} = A(t) - q\rho C_{\mathrm{p}}\Delta\theta(t) \tag{a}$$

微小時間 $\Delta t$ が十分に小さいと考えると，次の1階微分方程式が得られる．

$$(V\rho C_{\mathrm{p}} + C_{\mathrm{T}})\frac{d\theta(t)}{dt} + q\rho C_{\mathrm{p}}\theta(t) = A(t) \tag{b}$$

よって

$$T\frac{d\theta(t)}{dt} + \theta(t) = KA(t) \tag{c}$$

ただし

$$T = \frac{V\rho C_{\mathrm{p}} + C_{\mathrm{T}}}{q\rho C_{\mathrm{p}}}, \quad K = \frac{1}{q\rho C_{\mathrm{p}}} \tag{d}$$

両辺をラプラス変換してすべての初期値を 0 とおき，(出力)/(入力) の形にまとめると，伝達関数は

$$G(s) = \frac{\Theta(s)}{A(s)} = \frac{K}{1 + Ts} \tag{e}$$

となり，ヒータにより一定の発熱流 $A(t)$ を印加したとき，ステップ入力 $u(t)$ を用いて $A(t) = Au(t)$ と表せるので，ステップ応答は以下のように求まる．

$$\Theta(s) = G(s)U(s) = \frac{K}{1 + Ts}\frac{A}{s} \tag{f}$$

これを逆変換して，時間領域の応答 $\theta(t)$ を求める．

$$\begin{aligned}
\theta(t) &= \mathcal{L}^{-1}\big\{\Theta(s)\big\} \\
&= \mathcal{L}^{-1}\left\{\frac{K}{1 + Ts}\frac{A}{s}\right\} \\
&= \mathcal{L}^{-1}\left\{\frac{AK}{s} + \frac{-AKT}{T(\frac{1}{T} + s)}\right\} \\
&= AK\left(1 - e^{-t/T}\right) \\
&= \frac{A}{q\rho C_{\mathrm{p}}}\left(1 - e^{-\{q\rho C_{\mathrm{p}}/(V\rho C_{\mathrm{p}} + C_{\mathrm{T}})\}t}\right) \tag{g}
\end{aligned}$$

## 9.3 二次遅れ系の応答

機械振動系や RLC 共振回路など，特定の周波数の入力に対して出力が極めて大きくなる共振現象を発生させる二次遅れ系を例に，単位インパルス入力，単位ステップ入力に対するそれぞれの出力を求める．

二次遅れ系の伝達関数 $G(s)$ は，減衰比を $\zeta$，固有角振動数を $\omega_\mathrm{n}$ として次式で示される．

$$G(s) = \frac{\omega_\mathrm{n}^2}{s^2 + 2\zeta\omega_\mathrm{n}s + \omega_\mathrm{n}^2} \tag{9.15}$$

以下，各出力を求める．

### 9.3.1 インパルス応答

系への入力を単位インパルス関数（デルタ関数）としたときの出力を，**単位インパルス応答**と呼ぶ．単位インパルス入力のラプラス変換は

$$U_\mathrm{impulse}(s) = 1 \tag{9.16}$$

であるので，単位インパルス応答は次のように求まる．

$$
\begin{aligned}
Y(s) &= G(s)\,U(s) \\
&= \frac{\omega_\mathrm{n}^2}{s^2 + 2\zeta\omega_\mathrm{n}s + \omega_\mathrm{n}^2} \cdot 1
\end{aligned} \tag{9.17}
$$

なので

$$
\begin{aligned}
y(t) &= \mathcal{L}^{-1}\bigl\{Y(s)\bigr\} \\
&= \mathcal{L}^{-1}\left\{ \frac{\omega_\mathrm{n}^2}{s^2 + 2\zeta\omega_\mathrm{n}s + \omega_\mathrm{n}^2} \cdot 1 \right\} \\
&= \mathcal{L}^{-1}\left\{ \frac{\omega_\mathrm{n}^2}{(s + \zeta\omega_\mathrm{n})^2 + (1 - \zeta^2)\,\omega_\mathrm{n}^2} \right\} \\
&= \mathcal{L}^{-1}\left\{ \frac{\omega_\mathrm{n}}{\sqrt{1 - \zeta^2}} \underbrace{\frac{\sqrt{1 - \zeta^2}\,\omega_\mathrm{n}}{(s + \zeta\omega_\mathrm{n})^2 + (1 - \zeta^2)\omega_\mathrm{n}^2}}_{\text{ラプラス変換表にある形から}} \right\} \\
&= \frac{\omega_\mathrm{n}}{\sqrt{1 - \zeta^2}}\, e^{-\zeta\omega_\mathrm{n}t} \sin\left(\sqrt{1 - \zeta^2}\,\omega_\mathrm{n}t\right)
\end{aligned} \tag{9.18}
$$

## 9.3.2 ステップ応答

系への入力を単位ステップ関数としたときの出力を，**単位ステップ応答**と呼ぶ．単位ステップ入力のラプラス変換は

$$U_{\text{step}}(s) = \frac{1}{s} \tag{9.19}$$

であるので，単位ステップ応答は以下のように求まる．

$$
\begin{aligned}
Y(s) &= G(s)\,U(s) \\
&= \frac{\omega_{\text{n}}^2}{s^2 + 2\zeta\omega_{\text{n}}s + \omega_{\text{n}}^2}\frac{1}{s}
\end{aligned} \tag{9.20}
$$

これを逆変換して，時間領域の応答 $y(t)$ を求める．

$$
\begin{aligned}
y(t) &= \mathcal{L}^{-1}\big\{Y(s)\big\} \\
&= \mathcal{L}^{-1}\left\{ \frac{\omega_{\text{n}}^2}{s^2 + 2\zeta\omega_{\text{n}}s + \omega_{\text{n}}^2}\frac{1}{s} \right\} \\
&= \mathcal{L}^{-1}\left\{ \frac{A_1}{s} + \frac{A_2 s + A_3}{(s + \zeta\omega_{\text{n}})^2 + (1 - \zeta^2)\,\omega_{\text{n}}^2} \right\} \\
&= \mathcal{L}^{-1}\left\{ \frac{1}{s} - \frac{s + 2\zeta\omega_{\text{n}}}{(s + \zeta\omega_{\text{n}})^2 + (1 - \zeta^2)\,\omega_{\text{n}}^2} \right\} \\
&= \mathcal{L}^{-1}\left\{ \frac{1}{s} - \frac{s + \zeta\omega_{\text{n}}}{(s + \zeta\omega_{\text{n}})^2 + (1 - \zeta^2)\,\omega_{\text{n}}^2} - \frac{\zeta\omega_{\text{n}}}{(s + \zeta\omega_{\text{n}})^2 + (1 - \zeta^2)\,\omega_{\text{n}}^2} \right\} \\
&= \mathcal{L}^{-1}\left\{ \frac{1}{s} - \frac{s + \zeta\omega_{\text{n}}}{(s + \zeta\omega_{\text{n}})^2 + (1 - \zeta^2)\,\omega_{\text{n}}^2} \right. \\
&\qquad\qquad \left. - \frac{\zeta}{\sqrt{1 - \zeta^2}}\frac{\sqrt{1 - \zeta^2}\,\omega_{\text{n}}}{(s + \zeta\omega_{\text{n}})^2 + (1 - \zeta^2)\,\omega_{\text{n}}^2} \right\} \\
&= 1 - e^{-\zeta\omega_{\text{n}}t}\cos\!\left(\sqrt{1 - \zeta^2}\,\omega_{\text{n}}t\right) - \frac{\zeta}{\sqrt{1 - \zeta^2}}\,e^{-\zeta\omega_{\text{n}}t}\sin\!\left(\sqrt{1 - \zeta^2}\,\omega_{\text{n}}t\right) \\
&= 1 - \frac{1}{\sqrt{1 - \zeta^2}}\,e^{-\zeta\omega_{\text{n}}t}\cos\!\left\{ \sqrt{1 - \zeta^2}\,\omega_{\text{n}}t - \tan^{-1}\!\left(\frac{\zeta}{\sqrt{1 - \zeta^2}}\right) \right\}
\end{aligned}
$$

$$\tag{9.21}$$

## 9.3 二次遅れ系の応答

図 9.4 に示す波形の包絡線は，$e^{-\zeta\omega_n t}$ に初期振幅に相当する適当な係数を乗じたものとなる．$\zeta\omega_n$ の値が大きいほど，減衰が早くなる．減衰比 $\zeta$ のみで減衰の程度が決まるわけではないことに注意する．

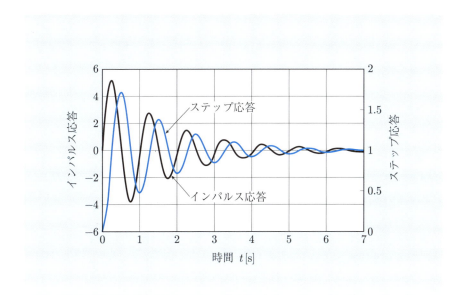

図 9.4 二次遅れ系の各応答（$\zeta = 0.1$, $\omega_n = 2\pi$ [rad/s]）

**112**　　　　　　　　　　第 9 章　極 と 出 力

# 9.4　一般的な系の応答

一般的な系の伝達関数を次式で示す $G(s)$ としたときの，単位インパルス応答と単位ステップ応答を求める．

$$G(s) = \frac{b_0(s - z_1)(s - z_2) \cdots (s - z_{m-1})(s - z_m)}{a_0(s - p_1)(s - p_2) \cdots (s - p_{n-1})(s - p_n)} \tag{9.22}$$

ここで，$p_i$ は伝達関数 $G(s)$ の分母 $= 0$ として求められる極，$z_i$ は伝達関数 $G(s)$ の分子 $= 0$ として求められるゼロ点である（上式は，簡単のためすべての極とゼロ点が相異なる実数としている場合である）．

---
**極とゼロ点**

- 極：伝達関数 $G(s)$ の分母 $= 0$ として求められる解．系の応答を支配している．
- ゼロ点：伝達関数 $G(s)$ の分子 $= 0$ として求められる解．
- 極もゼロ点も一般的には複素数である．極，またはゼロ点が実数で得られない場合，$(s - p_1)(s - \tilde{p}_1)$ のように分解せず，$(s^2 + 2\zeta\omega_{\mathrm{n}}s + \omega_{\mathrm{n}}^2)$，あるいは $\{(s + \zeta\omega_{\mathrm{n}})^2 + (1 - \zeta^2)\omega_{\mathrm{n}}^2\}$ のように表し，振動的であることを明示する（ここで，$p_1$ と $\tilde{p}_1$ とは，共役な複素数とする）．

---

### 9.4.1　一般的な系の単位インパルス応答

式 (9.22) の系に対して，単位インパルス関数が入力される場合，その入力のラプラス変換は

$$U(s) = 1 \tag{9.23}$$

であるので，単位インパルス応答は以下のように求まる．

$$\begin{aligned}
Y(s) &= G(s)\,U(s) \\
&= \frac{b_0(s - z_1)(s - z_2) \cdots (s - z_{m-1})(s - z_m)}{a_0(s - p_1)(s - p_2) \cdots (s - p_{n-1})(s - p_n)} \cdot 1 \\
&= \frac{b_0(s - z_1)(s - z_2) \cdots (s - z_{m-1})(s - z_m)}{a_0(s - p_1)(s - p_2) \cdots (s - p_{n-1})(s - p_n)}
\end{aligned} \tag{9.24}$$

これを逆変換して，時間領域の応答 $y(t)$ を求める．

$$y(t) = \mathcal{L}^{-1}\big\{Y(s)\big\} = \mathcal{L}^{-1}\left\{\frac{b_0(s - z_1)(s - z_2)\cdots(s - z_{m-1})(s - z_m)}{a_0(s - p_1)(s - p_2)\cdots(s - p_{n-1})(s - p_n)}\right\}$$

$$= \frac{b_0}{a_0}\,\mathcal{L}^{-1}\underbrace{\left\{\frac{A_1}{s - p_1} + \frac{A_2}{s - p_2} + \cdots + \frac{A_{n-1}}{s - p_{n-1}} + \frac{A_n}{s - p_n}\right\}}_{\text{部分分数展開}}$$

$$= \frac{b_0}{a_0}\left(A_1 e^{p_1 t} + A_2 e^{p_2 t} + \cdots + A_{n-1} e^{p_{n-1} t} + A_n e^{p_n t}\right)$$

$$= K \sum_{i=1}^{n} A_i e^{p_i t} \tag{9.25}$$

### 9.4.2　一般的な系の単位ステップ応答

上記の系に対して，単位ステップ関数が入力される場合，その入力のラプラス変換は

$$U_{\text{step}}(s) = \frac{1}{s} \tag{9.26}$$

であるので，単位ステップ応答は以下のように求まる．

$$Y(s) = G(s)\,U(s)$$

$$= \frac{b_0(s - z_1)(s - z_2)\cdots(s - z_{m-1})(s - z_m)}{a_0(s - p_1)(s - p_2)\cdots(s - p_{n-1})(s - p_n)}\frac{1}{s}$$

$$= \frac{b_0\,(s - z_1)(s - z_2)\cdots(s - z_{m-1})(s - z_m)}{a_0\,s(s - p_1)(s - p_2)\cdots(s - p_{n-1})(s - p_n)} \tag{9.27}$$

これを逆変換して，時間領域の応答 $y(t)$ を求める．

$$y(t) = \mathcal{L}^{-1}\big\{Y(s)\big\}$$

$$= \mathcal{L}^{-1}\left\{\frac{b_0\,(s - z_1)(s - z_2)\cdots(s - z_{m-1})(s - z_m)}{a_0\,s(s - p_1)(s - p_2)\cdots(s - p_{n-1})(s - p_n)}\right\}$$

$$= \frac{b_0}{a_0}\,\mathcal{L}^{-1}\underbrace{\left\{\frac{A_0}{s} + \frac{A_1}{s - p_1} + \frac{A_2}{s - p_2} + \cdots + \frac{A_{n-1}}{s - p_{n-1}} + \frac{A_n}{s - p_n}\right\}}_{\text{部分分数展開}}$$

$$= \frac{b_0}{a_0}\left(A_0 + A_1 e^{p_1 t} + A_2 e^{p_2 t} + \cdots + A_{n-1} e^{p_{n-1} t} + A_n e^{p_n t}\right)$$

$$= K\left(A_0 + \sum_{i=1}^{n} A_i e^{p_i t}\right) \tag{9.28}$$

### 例題 9.2

次の図に示すタンクの熱系について，ヒータの発熱流 $A(t)$ [kW] をステップ状に入力した場合のタンク 2 内の水温変化 $\theta_2(t)$ [K] を求めよ．ただし，記号は以下の通りとする．

$C_{T1}$ [J/K]：タンク 1 の熱容量，　　$C_{T2}$ [J/K]：タンク 2 の熱容量，
$C_p$ [J/(kg·K)]：水の比熱，　　　　$q$ [m³/s]：タンクへの流入流量，
$t$ [s]：ヒータ通電開始からの経過時間，$\theta_w$ [K]：流入水温，
$\theta_1(t)$ [K]：タンク 1 内の水温変化，$\theta_2(t)$ [K]：タンク 2 内の水温変化，
$V_1$ [m³]：タンク 1 内の水の体積，　$V_2$ [m³]：タンク 2 内の水の体積，
$\rho$ [kg/m³]：水の密度

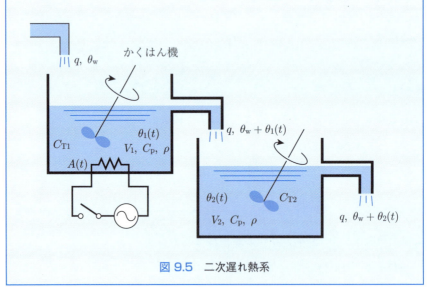

図 9.5　二次遅れ熱系

【解答】　ヒータに通電される前に十分に時間が経過しており，タンク 1 とタンク 2 は流入水温と同じ温度になっているとし，ヒータ通電後，微小時間 $\Delta t$ の間にタンク 1 とタンク 2 内の水温が $\Delta \theta_1(t)$，$\Delta \theta_2(t)$ 上昇するとして，流入，流出，蓄積される熱量を考える．

- タンク 1 に流入する熱量 [J]：　$q \Delta t \rho C_p \theta_w + A(t) \Delta t$
- タンク 1 から流出する熱量 [J]：$q \Delta t \rho C_p (\theta_w + \Delta \theta_1(t))$
- タンク 1 内に蓄積する熱量 [J]：$(V_1 \rho C_p + C_{T1}) \Delta \theta_1(t)$

## 9.4　一般的な系の応答　**115**

- タンク 2 に流入する熱量 [J]：　$q\Delta t\rho C_{\mathrm{p}}\big(\theta_{\mathrm{w}} + \Delta\theta_1(t)\big)$
- タンク 2 から流出する熱量 [J]：$q\Delta t\rho C_{\mathrm{p}}\big(\theta_{\mathrm{w}} + \Delta\theta_2(t)\big)$
- タンク 2 内に蓄積する熱量 [J]：$(V_2\rho C_{\mathrm{p}} + C_{\mathrm{T}2})\Delta\theta_2(t)$

タンクに流入する熱量とタンクから流出する熱量の差がタンク内に蓄積する
熱量となるので

$$\begin{cases} (V_1\rho C_{\mathrm{p}} + C_{\mathrm{T}1})\Delta\theta_1(t) = q\Delta t\rho C_{\mathrm{p}}\theta_{\mathrm{w}} + A(t)\Delta t - q\Delta t\rho C_{\mathrm{p}}\big(\theta_{\mathrm{w}} + \Delta\theta_1(t)\big) \\ (V_2\rho C_{\mathrm{p}} + C_{\mathrm{T}2})\Delta\theta_2(t) = q\Delta t\rho C_{\mathrm{p}}\big(\theta_{\mathrm{w}} + \Delta\theta_1(t)\big) - q\Delta t\rho C_{\mathrm{p}}\big(\theta_{\mathrm{w}} + \Delta\theta_2(t)\big) \end{cases}$$

$$\text{(a)}$$

これらを整理して

$$\begin{cases} (V_1\rho C_{\mathrm{p}} + C_{\mathrm{T}1})\dfrac{\Delta\theta_1(t)}{\Delta t} = A(t) - q\rho C_{\mathrm{p}}\Delta\theta_1(t) \\ (V_2\rho C_{\mathrm{p}} + C_{\mathrm{T}2})\dfrac{\Delta\theta_2(t)}{\Delta t} = q\rho C_{\mathrm{p}}\Delta\theta_1(t) - q\rho C_{\mathrm{p}}\Delta\theta_2(t) \end{cases} \quad\text{(b)}$$

微小時間 $\Delta t$ が十分に小さいと考えると，次の連立微分方程式が得られる．

$$\begin{cases} (V_1\rho C_{\mathrm{p}} + C_{\mathrm{T}1})\dfrac{d\theta_1(t)}{dt} + q\rho C_{\mathrm{p}}\theta_1(t) = A(t) \\ (V_2\rho C_{\mathrm{p}} + C_{\mathrm{T}2})\dfrac{d\theta_2(t)}{dt} + q\rho C_{\mathrm{p}}\theta_2(t) = q\rho C_{\mathrm{p}}\theta_1(t) \end{cases} \quad\text{(c)}$$

これらを整理して

$$\begin{cases} T_1\dfrac{d\theta_1(t)}{dt} + \theta_1(t) = K_1 A(t) \\ T_2\dfrac{d\theta_2(t)}{dt} + \theta_2(t) = \theta_1(t) \end{cases} \quad\text{(d)}$$

ただし

$$T_1 = \frac{V_1\rho C_{\mathrm{p}} + C_{\mathrm{T}1}}{q\rho C_{\mathrm{p}}}, \quad T_2 = \frac{V_2\rho C_{\mathrm{p}} + C_{\mathrm{T}2}}{q\rho C_{\mathrm{p}}}, \quad K_1 = \frac{1}{q\rho C_{\mathrm{p}}} \quad\text{(e)}$$

式 ( d ) の第 2 式を第 1 式に代入すると

$$T_1\frac{d}{dt}\left(T_2\frac{d\theta_2(t)}{dt} + \theta_2(t)\right) + T_2\frac{d\theta_2(t)}{dt} + \theta_2(t) = K_1 A(t) \quad\text{(f)}$$

よって

$$T_1 T_2\frac{d^2\theta_2(t)}{dt^2} + (T_1 + T_2)\frac{d\theta_2(t)}{dt} + \theta_2(t) = K_1 A(t) \quad\text{(g)}$$

となり，二次遅れ系となることが分かる．次に，両辺をラプラス変換してすべ

**116**　　　　　　　　第 9 章　極 と 出 力

ての初期値を 0 とおき，(出力)/(入力) の形にまとめると，伝達関数は

$$G(s) = \frac{\Theta_2(s)}{A(s)}$$

$$= \frac{K_1}{T_1 T_2 s^2 + (T_1 + T_2)s + 1} \tag{h}$$

となり，ヒータにより一定の発熱流 $A(t)$ を印加したとき，ステップ入力 $u(t)$ を用いて $A(t) = Au(t)$ と表せるので，ステップ応答は以下のように求まる．

$$\Theta_2(s) = G(s)\,U(s)$$

$$= \frac{K_1}{T_1 T_2 s^2 + (T_1 + T_2)s + 1}\frac{A}{s} \tag{i}$$

これを逆変換して，時間領域の応答 $\theta_2(t)$ を求める．

$$\theta_2(t) = \mathcal{L}^{-1}\big\{\Theta_2(s)\big\}$$

$$= \mathcal{L}^{-1}\left\{\frac{K_1}{T_1 T_2 s^2 + (T_1 + T_2)s + 1}\frac{A}{s}\right\}$$

$$= \mathcal{L}^{-1}\left\{\frac{AK_1}{s} + \frac{-AK_1 T_1^2}{(T_1 - T_2)(1 + T_1 s)} + \frac{AK_1 T_2^2}{(T_1 - T_2)(1 + T_2 s)}\right\}$$

$$= AK_1\left(1 - \frac{T_1}{T_1 - T_2}\,e^{-t/T_1} + \frac{T_2}{T_1 - T_2}\,e^{-t/T_2}\right)$$

# 9章の問題

□ **9.1** 次の伝達関数で示される系の，単位インパルス応答と単位ステップ応答を求めよ．
(1) $G(s) = \dfrac{10}{s(s+5)}$ (2) $G(s) = \dfrac{3}{(s+5)(s^2+9)}$

□ **9.2** 次の図で示される系について，伝達関数を求めて，単位インパルス応答と単位ステップ応答を求めよ．二次遅れ液面系は，仕様が同一の液面系が2個使用されている．また，非線形特性が出る場合には，適当な平衡点で線形化処理をすること．入力を $q_0(t)$ [m³/s] とし，出力を最終の流出流量とすること．

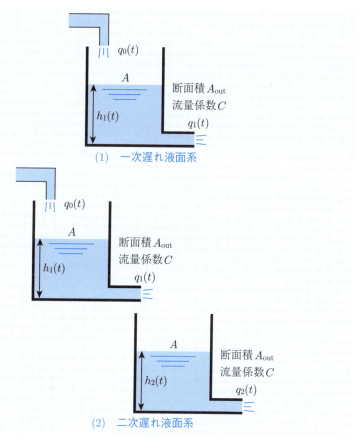

図1　液面系

# 第10章

# 系の安定性

　前章では，種々の系の時間応答を求める過程を示してきた．本章では，求められた時間応答の性質と系の安定性について説明する．

**120**　　　第 10 章　系の安定性

## 10.1　極とモード

　一般的に，すべての極とゼロ点が相異なる実数となる系の伝達関数を $G(s)$ としたときの，単位インパルス応答と単位ステップ応答は式 (9.25), (9.28) にあるように次式となる．

$$G(s) = \frac{b_0\,(s - z_1)(s - z_2)\cdots(s - z_{m-1})(s - z_m)}{a_0\,(s - p_1)(s - p_2)\cdots(s - p_{n-1})(s - p_n)} \quad (m \leq n) \tag{10.1}$$

$$
\begin{aligned}
y(t) &= \mathcal{L}^{-1}\left\{G(s) \cdot 1\right\} \\
&= \mathcal{L}^{-1}\left\{\frac{b_0\,(s - z_1)(s - z_2)\cdots(s - z_{m-1})(s - z_m)}{a_0\,(s - p_1)(s - p_2)\cdots(s - p_{n-1})(s - p_n)}\right\}
\end{aligned}
$$

$$= K \sum_{i=1}^{n} A_i\, e^{p_i t} \tag{10.2}$$

$$
\begin{aligned}
y(t) &= \mathcal{L}^{-1}\left\{G(s)\,\frac{1}{s}\right\} \\
&= \mathcal{L}^{-1}\left\{\frac{b_0\,(s - z_1)(s - z_2)\cdots(s - z_{m-1})(s - z_m)}{a_0\,s(s - p_1)(s - p_2)\cdots(s - p_{n-1})(s - p_n)}\right\}
\end{aligned}
$$

$$= K \left(A_0 + \sum_{i=1}^{n} A_i\, e^{p_i t}\right) \tag{10.3}$$

　時間応答をみると，極 $p_i$ がモード $e^{p_i t}$ の肩に乗っていることが分かる．すなわち，時間応答を決定するモード $e^{p_i t}$ の挙動を決めているのが，極 $p_i$ である．

　また，振動的な応答となる二次遅れ系の伝達関数を $G(s)$ としたときの，単位インパルス応答と単位ステップ応答は次式となる．

$$G(s) = \frac{\omega_{\mathrm{n}}^2}{s^2 + 2\zeta\omega_{\mathrm{n}}s + \omega_{\mathrm{n}}^2} \tag{10.4}$$

$$10.1 \quad \text{極とモード} \qquad \textbf{121}$$

$$y(t) = \mathcal{L}^{-1} \left\{ \frac{\omega_n^2}{s^2 + 2\zeta\omega_n s + \omega_n^2} \cdot 1 \right\}$$

$$= \mathcal{L}^{-1} \left\{ \frac{\omega_n^2}{(s + \zeta\omega_n)^2 + (1 - \zeta^2)\,\omega_n^2} \right\}$$

$$= \frac{\omega_n}{\sqrt{1 - \zeta^2}}\, e^{-\zeta\omega_n t} \sin\left(\sqrt{1 - \zeta^2}\,\omega_n t\right) \qquad (10.5)$$

$$y(t) = \mathcal{L}^{-1}\{Y(s)\}$$

$$= \mathcal{L}^{-1} \left\{ \frac{\omega_n^2}{s^2 + 2\zeta\omega_n s + \omega_n^2} \frac{1}{s} \right\}$$

$$= 1 - \frac{1}{\sqrt{1 - \zeta^2}}\, e^{-\zeta\omega_n t} \cos\left\{ \sqrt{1 - \zeta^2}\,\omega_n t + \tan^{-1}\left(\frac{\zeta}{\sqrt{1 - \zeta^2}}\right) \right\}$$
$$(10.6)$$

この系の極

$$s_1,\ s_2 = -\zeta\omega_n \pm j\sqrt{1 - \zeta^2}\,\omega_n$$

と時間応答と見比べると，極の実部 $-\zeta\omega_n$ はモード $e^{p_i t}$ の肩にあり，極の虚部 $\sqrt{1 - \zeta^2}\,\omega_n$ は振動成分の角周波数として現れていることが分かる．極を共役な複素数

$$s_1,\ s_2 = a \pm j\omega$$

とすると，モードは $e^{s_1 t} + e^{s_2 t}$ となり次のように変形される．

$$e^{s_1 t} + e^{s_2 t} = e^{(a+j\omega)t} + e^{(a-j\omega)t}$$

$$= e^{at}\left(e^{+j\omega t} + e^{-j\omega t}\right)$$

$$= e^{at}\left(\cos\omega t + j\sin\omega t + \cos\omega t - j\sin\omega t\right)$$

$$= 2e^{at}\cos\omega t \qquad (10.7)$$

この式からも，極の実部は減衰・発散成分 $e^{at}$ に，極の虚部は振動成分の角周波数に現れていることが分かる．これらを図示すると，図 10.1 となる．

### 極とモードの関係

極を共役な複素数 $a \pm j\omega$ とすると

- 極の実部：$e^{at}$ となり，応答の収束・発散を決定する．実部の符号が負のときには収束し，符号が正のときには発散する．
- 極の虚部：共役なので $e^{j\omega t} + e^{-j\omega t} = 2\cos\omega t$ となって振動成分の角周波数となる．虚部の絶対値が大きい場合には振動成分の角周波数は高く，0 の場合には振動しない．

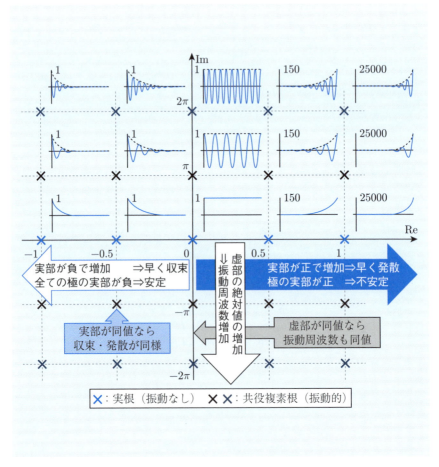

図 10.1　極とモードとの関係

## 10.2 安定判別法

極 $p$ の実部が応答の収束・発散を決定していることは前節のとおりであるが，制御系のモード $e^{pt}$ のうち，1つでも発散するものがあれば系の応答は発散してしまう．また，制御系のモード $e^{pt}$ がすべて収束する場合には，系の応答は収束する．すなわち

- 極の実部がすべて負：$t \to \infty$ で，すべてのモード $e^{pt} \to 0$，系は漸近安定
- 極の実部が1つでも正：$t \to \infty$ で，あるモード $e^{pt} \to \infty$，系は不安定

となる．

制御系が不安定である場合，どのように操作をしても応答は発散して制御できず，また，周波数伝達関数 $G(j\omega)$ で表すこともできない．そこで，第一に系が安定か否かを知る必要がある．系のすべての極が求まっている場合には，極の実部の符号で安定・不安定を知ることができるが，極を求めることなく系の安定性を知る方法がある．これを，**安定判別法**と呼び，**ラウスの安定判別法**や**フルビッツの安定判別法**がよく知られている．

### 10.2.1 フルビッツの安定判別法

系の伝達関数を

$$G(s) = \frac{b_0 s^m + b_1 s^{m-1} + \cdots + b_{m-1} s + b_m}{a_0 s^n + a_1 s^{n-1} + \cdots + a_{n-1} s + a_n} \quad (m \le n) \qquad (10.8)$$

とするとき，分母 = 0 として求められる特性方程式

$$a_0 s^n + a_1 s^{n-1} + \cdots + a_{n-1} s + a_n = 0 \qquad (10.9)$$

について，以下の条件をすべて満足している場合，この特性方程式の根（すなわち，系の極）はすべて左半平面（実部が負）に存在し，その系は安定である．

① すべての係数 $a_i$ が存在すること．
② すべての係数 $a_i$ の符号が正であること．
③ 次のフルビッツ行列式がすべて正であること．

$$\Delta_i = \begin{vmatrix} a_1 & a_3 & a_5 & \cdots & a_{2i-1} \\ a_0 & a_2 & a_4 & \cdots & a_{2i-2} \\ 0 & a_1 & a_3 & \cdots & a_{2i-3} \\ 0 & a_0 & a_2 & \cdots & a_{2i-4} \\ \vdots & 0 & a_1 & \cdots & a_{2i-5} \\ \vdots & \vdots & \vdots & \ddots & \vdots \\ 0 & 0 & 0 & \cdots & a_i \end{vmatrix} \qquad (i = 1, 2, 3, \ldots, n-1) \quad (10.10)$$

例えば，$n = 4$ のとき

$$\Delta_3 = \begin{vmatrix} a_1 & a_3 & 0 \\ a_0 & a_2 & a_4 \\ 0 & a_1 & a_3 \end{vmatrix} > 0 \tag{10.11}$$

$$\Delta_2 = \begin{vmatrix} a_1 & a_3 \\ a_0 & a_2 \end{vmatrix} > 0 \tag{10.12}$$

$$\Delta_1 = \begin{vmatrix} a_1 \end{vmatrix} > 0 \tag{10.13}$$

を調べる．

### 10.2.2 ラウスの安定判別法

系の伝達関数を

$$G(s) = \frac{b_0 s^m + b_1 s^{m-1} + \cdots + b_{m-1} s + b_m}{a_0 s^n + a_1 s^{n-1} + \cdots + a_{n-1} s + a_n} \quad (m \leq n) \tag{10.14}$$

とするとき，分母 $= 0$ として求められる特性方程式

$$a_0 s^n + a_1 s^{n-1} + \cdots + a_{n-1} s + a_n = 0 \tag{10.15}$$

について，以下の条件をすべて満足している場合，この特性方程式の根（すなわち，系の極）はすべて左半平面（実部が負）に存在し，その系は安定である．

① すべての係数 $a_i$ が存在すること．
② すべての係数 $a_i$ の符号が正であること．

## 10.2 安定判別法

③　ラウス配列の第1列の各要素がすべて正であること.

④　各要素が同符合でない場合，符号変化の回数と同じ個数の不安定極が存在する.

特性方程式の次数 $n$ が奇数のとき

$$
n+1 行まで \left\{
\begin{array}{cccccc}
a_0 & a_2 & a_4 & \cdots & a_{n-3} & a_{n-1} \\
a_1 & a_3 & a_5 & \cdots & a_{n-2} & a_n \\
b_1 & b_3 & b_5 & \cdots & b_m & 0 \\
c_1 & c_3 & c_5 & \cdots & c_m & 0 \\
\vdots & \vdots & \vdots & \ddots & \vdots & \vdots
\end{array}
\right.
\tag{10.16}
$$

特性方程式の次数 $n$ が偶数のとき

$$
n+1 行まで \left\{
\begin{array}{cccccc}
a_0 & a_2 & a_4 & \cdots & a_{n-2} & a_n \\
a_1 & a_3 & a_5 & \cdots & a_{n-1} & 0 \\
b_1 & b_3 & b_5 & \cdots & b_m & 0 \\
c_1 & c_3 & c_5 & \cdots & c_m & 0 \\
\vdots & \vdots & \vdots & \ddots & \vdots & \vdots
\end{array}
\right.
\tag{10.17}
$$

$$
b_1 = \frac{-\begin{vmatrix} a_0 & a_2 \\ a_1 & a_3 \end{vmatrix}}{a_1}, \quad
b_3 = \frac{-\begin{vmatrix} a_0 & a_4 \\ a_1 & a_5 \end{vmatrix}}{a_1}, \quad
b_5 = \frac{-\begin{vmatrix} a_0 & a_6 \\ a_1 & a_7 \end{vmatrix}}{a_1}, \cdots
$$

$$
c_1 = \frac{-\begin{vmatrix} a_1 & a_3 \\ b_1 & b_3 \end{vmatrix}}{b_1}, \quad
c_3 = \frac{-\begin{vmatrix} a_1 & a_5 \\ b_1 & b_5 \end{vmatrix}}{b_1}, \quad
c_5 = \frac{-\begin{vmatrix} a_1 & a_7 \\ b_1 & b_7 \end{vmatrix}}{b_1}, \cdots
$$

$$
d_1 = \frac{-\begin{vmatrix} b_1 & b_3 \\ c_1 & c_3 \end{vmatrix}}{c_1}, \quad
d_3 = \frac{-\begin{vmatrix} b_1 & b_5 \\ c_1 & c_5 \end{vmatrix}}{c_1}, \quad
d_5 = \frac{-\begin{vmatrix} b_1 & b_7 \\ c_1 & c_7 \end{vmatrix}}{c_1}, \cdots
$$

$$
\vdots
$$

$$
\tag{10.18}
$$

**126**　　　　　第 10 章　系の安定性

例えば，$n = 4$ のとき

$$
5\text{行まで} \left\{
\begin{array}{ccc}
a_0 & a_2 & a_4 \\
a_1 & a_3 & 0 \\
b_1 & b_3 & 0 \\
c_1 & c_3 & 0 \\
d_1 & d_3 & 0
\end{array}
\right. \tag{10.19}
$$

$$
b_1 = \frac{-\begin{vmatrix} a_0 & a_2 \\ a_1 & a_3 \end{vmatrix}}{a_1}, \quad b_3 = \frac{-\begin{vmatrix} a_0 & a_4 \\ a_1 & 0 \end{vmatrix}}{a_1} = a_4
$$

$$
c_1 = \frac{-\begin{vmatrix} a_1 & a_3 \\ b_1 & b_3 \end{vmatrix}}{b_1}, \quad c_3 = \frac{-\begin{vmatrix} a_1 & 0 \\ b_1 & 0 \end{vmatrix}}{b_1} = 0
$$

$$
d_1 = \frac{-\begin{vmatrix} b_1 & b_3 \\ c_1 & c_3 \end{vmatrix}}{c_1}, \quad d_3 = \frac{-\begin{vmatrix} b_1 & 0 \\ c_1 & 0 \end{vmatrix}}{c_1} = 0 \tag{10.20}
$$

を求め，$a_0 > 0, a_1 > 0, b_1 > 0, c_1 > 0, d_1 > 0$ を調べる．

## 10.3 制御系設計への応用

安定判別法を用いて，系の応答の詳細を決めることはできないが，制御系を安定とするような設計を行うことができる．

**例題 10.1**

次の伝達関数 $G(s)$ で表される制御対象の安定性を判別してみよう．
$$G(s) = \frac{4s - 5}{s^3 + s^2 - 2s + 6} \tag{a}$$

**【解答】** フルビッツの安定判別法やラウスの安定判別法において
① すべての係数 $a_i$ が存在しているが
② すべての係数 $a_i$ の符号が正ではない

ので，不安定である．

上の例題のような不安定な系に対し，フィードバック制御を施した制御系を考えてみる．

**例題 10.2**

図 10.2 に示すような不安定な制御対象に対して比例制御を行うフィードバック制御系において，制御系を安定とする $K$ の範囲を求めよ．

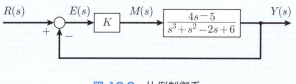

図 10.2 比例制御系

**【解答】** 制御系全体の特性を表す閉ループ伝達関数 $W(s)$ は，以下のように求まる．各信号の因果関係を書き出すと

$$\begin{cases} Y(s) = G(s)M(s) \\ M(s) = KE(s) \\ E(s) = R(s) - Y(s) \end{cases} \tag{a}$$

となり，これらを整理して，制御系を構成した後の目標値 $R(s)$ に対する制御

**128**　　　　　　　第 10 章　系の安定性

量 $Y(s)$ の閉ループ伝達関数 $W(s)$ を求めると

$$
\begin{aligned}
W(s) &= \frac{Y(s)}{R(s)} \\
&= \frac{KG(s)}{1 + KG(s)} \\
&= \frac{K(4s - 5)}{s^3 + s^2 + (4K - 2)s + 6 - 5K}
\end{aligned}
\tag{b}
$$

となる．そこで，特性方程式は

$$
s^3 + s^2 + (4K - 2)s + 6 - 5K = 0
\tag{c}
$$

となる．

### フルビッツの安定判別法による設計

① すべての係数 $a_i$ が存在するために

$$
4K - 2 \neq 0,
$$

$$
6 - 5K \neq 0
$$

② すべての係数 $a_i$ の符号が正であるために

$$
4K - 2 > 0,
$$

$$
6 - 5K > 0
$$

③ $n = 3$ なので，フルビッツ行列式 $\Delta_2,\ \Delta_1$ が正であるために

$$
\begin{aligned}
\Delta_2 &= \begin{vmatrix} a_1 & a_3 \\ a_0 & a_2 \end{vmatrix} \\
&= \begin{vmatrix} 1 & 6 - 5K \\ 1 & 4K - 2 \end{vmatrix} \\
&= 9K - 8 > 0 \\
\Delta_1 &= \begin{vmatrix} 1 \end{vmatrix} > 0
\end{aligned}
$$

これらの条件をすべて満足するためには

$$
\frac{8}{9} < K < \frac{6}{5}
$$

の条件を満足しなければならないことが分かる．

## 10.3 制御系設計への応用

**129**

### ラウスの安定判別法による設計

① すべての係数 $a_i$ が存在するために

$$4K - 2 \neq 0, \quad 6 - 5K \neq 0$$

② すべての係数 $a_i$ の符号が正であるために

$$4K - 2 > 0, \quad 6 - 5K > 0$$

③ $n = 3$ なので，4 行のラウス配列の第 1 列が正であるために

$$
4\,\text{行まで}\left\{
\begin{array}{cc}
a_0 & a_2 \\
a_1 & a_3 \\
b_1 & b_3 \\
c_1 & c_3
\end{array}
\right.
\tag{d}
$$

において

$$a_0 = 1 > 0, \quad a_1 = 1 > 0$$

$$
\begin{aligned}
b_1 &= \frac{-\begin{vmatrix} a_0 & a_2 \\ a_1 & a_3 \end{vmatrix}}{a_1} = \frac{-\begin{vmatrix} 1 & 4K-2 \\ 1 & 6-5K \end{vmatrix}}{1} \\
&= 9K - 8, \\
b_3 &= \frac{-\begin{vmatrix} a_0 & 0 \\ a_1 & 0 \end{vmatrix}}{1} = 0, \\
c_1 &= \frac{-\begin{vmatrix} a_1 & a_3 \\ b_1 & b_3 \end{vmatrix}}{b_1} = \frac{-\begin{vmatrix} 1 & 6-5K \\ 9K-8 & 0 \end{vmatrix}}{9K-8} \\
&= 6 - 5K, \\
c_3 &= \frac{-\begin{vmatrix} a_1 & 0 \\ b_1 & 0 \end{vmatrix}}{b_1} = 0
\end{aligned}
$$

より，$a_0 > 0, a_1 > 0, b_1 > 0, c_1 > 0$ の条件をすべて満足するためには

$$\frac{8}{9} < K < \frac{6}{5}$$

の条件を満足しなければならないことが分かる．

## 10章の問題

☐ **10.1** 次の特性方程式を持つ制御系が安定であるように，$K$ の値を定めなさい．

$$s^4 + 20Ks^3 + 5s^2 + (10+K)s + 15 = 0$$

☐ **10.2** 次の図の制御系を安定とするための $K$ の範囲を求めよ．

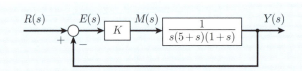

図1

☐ **10.3** 次の図の制御系を安定とするための $K$ の範囲を求めよ．

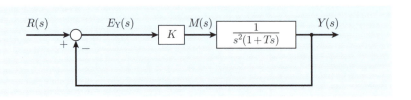

図2  2型のサーボ機構

☐ **10.4** 次の図の制御系を安定とするための $K$ の範囲を求めよ．

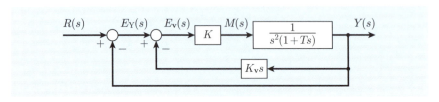

図3  速度フィードバックを付加した2型のサーボ機構

# 第11章

# 制御系の設計

　制御対象は既存の装置であることが多く，その特性は自由に変更することができない．しかし，その制御対象を含む装置全体の特性を向上させたい場合がある．そこで，制御系を構成し，適当な調節器を選択して調整することによって，制御系全体として所望する性能を得ることが必要となる．調節器の変更によって生じる制御系の構造変化や，代表的な調節方法を学修する．

**132**　　　　　　　第 11 章　制御系の設計

## 11.1　制御の分類

制御系を設計する際，その大まかな手順としては以下のようにまとめられる.

| ①設計仕様の策定 | 手順の自動化：　シーケンス制御 |
| --- | --- |
| | 手加減の自動化：フィードバック制御など |
| ②制御系の特性把握 | 時間領域：　微分方程式，重み関数 |
| | 周波数領域：伝達関数，周波数伝達関数 |
| ③評価基準の決定 | 安定性，速応性，定常特性 |
| ④制御系の調節 | 調節器の選択，パラメータの調整 |
| ⑤試行と評価 | 時間領域：　インパルス応答，ステップ応答など |
| | 周波数領域：極位置，ボード線図など |

　自動販売機のように，一連の動作を定められた判断に従って自動的に行う制御を**シーケンス制御**といい，生産ラインでの機器の制御をはじめ，家庭電化製品などにも広く利用されている. エアコンの温度調節などのように，部屋の温度を確認しながら手加減を自動的に行う制御を**フィードバック制御**といい，各分野で広く使用されている. また，制御対象の特性が極めて正確に把握されている場合に，生じる変化を正確に推定することができるので，制御量の変化を確認せずにあらかじめ定めた操作を行う**フィードフォワード制御**もある.

　また，目標値の変化や制御量の内容によって，次のようにも分類できる.

**目標値の変化による分類**

　一定値：　定値制御（反応炉の温度制御など）

　未知変化：追従制御（移動物体の把持など）

　既知変化：プログラム制御（NC 工作機械など）

**制御量による分類**

　化学プラントなどプロセス制御（温度，流量など）

　ロボットなどサーボ機構（位置，速度，姿勢など）

　電圧など自動調整（入力が変化しても出力が不変なレギュレータなど）

## 11.2 フィードバック制御とフィードフォワード制御

フィードバック制御とフィードフォワード制御の違いは，図 11.1 に示すように制御量の変化を確認して操作量を調整するか否かにある．

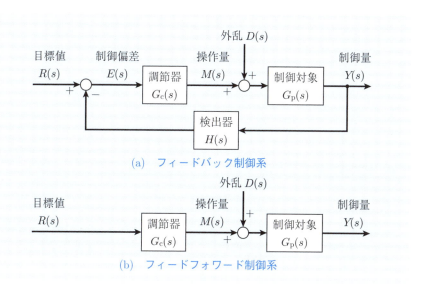

図 11.1　フィードバック制御系とフィードフォワード制御系

フィードフォワード制御では，制御対象 $G_p(s)$ が極めて正確にモデル化されていて，操作量 $M(s)$ を入力後の制御量 $Y(s)$ が正確に求められる場合には有効である．しかし，制御対象 $G_p(s)$ のパラメータ変動などに対しては，まったく補償ができない．そこで，多くの場合には，制御量 $Y(s)$ の変化を検出器 $H(s)$ で確認して目標値 $R(s)$ との偏差 $E(s)$ を求め，偏差 $E(s)$ に応じた操作量 $M(s)$ を制御対象 $G_p(s)$ へ加えるフィードバック制御が一般的である．

フィードバック制御系において，目標値 $R(s)$ が制御系内をどのように伝達されるのかを示す一巡伝達関数（あるいは開ループ伝達関数）$G_o(s)$ は，調節器 $G_c(s)$ と制御対象 $G_p(s)$，検出器 $H(s)$ を用いて，次のように求められる．

図 11.2 のようにフィードバック制御系が加算点（○）の前で開いている場合，目標値 $R(s)$ の信号は，調節器 $G_c(s)$，制御対象 $G_p(s)$，検出器 $H(s)$ の順

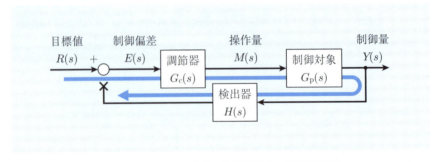

**図 11.2** フィードバック制御系の一巡伝達関数

に通過して，加算点（○）の前では次の信号となる．

$$H(s)G_p(s)G_c(s)R(s) \tag{11.1}$$

これより，目標値 $R(s)$ から

$$G_o(s) = H(s)G_p(s)G_c(s) \tag{11.2}$$

の伝達関数で信号伝達が行われたと考えて，フィードバックループを信号が一巡するという意味で，**一巡伝達関数**（あるいは**開ループ伝達関数**）$G_o(s)$ と定義する．また，見方を変えて，閉じたフィードバック制御系において，その全体の特性を表す閉ループ伝達関数 $W(s)$ を次のように考えると

$$W(s) = \frac{Y(s)}{R(s)} = \underbrace{\frac{E(s)}{R(s)}}_{\text{一巡伝達関数}} \cdot \underbrace{\frac{Y(s)}{E(s)}}_{\text{前向き要素}} \tag{11.3}$$

となり，目標値 $R(s)$ から偏差 $E(s)$ までの伝達関数として考えることができる．これに従えば，各信号の因果関係（ある要素の出力は，その要素の伝達関数とその要素への入力の積）を基に，偏差 $E(s)$ を目標値 $R(s)$ で表して

$$E(s) = R(s) - H(s)Y(s)$$
$$= R(s) - H(s)G_p(s)G_c(s)E(s)$$

より

$$\frac{E(s)}{R(s)} = \frac{1}{1 + H(s)G_p(s)G_c(s)} \equiv \frac{1}{1 + G_o(s)} \tag{11.4}$$

## 11.2 フィードバック制御とフィードフォワード制御

と求まる.

また,図 11.3 のように閉じたフィードバック制御系全体の特性を示す閉ループ伝達関数 $W(s)$ は,各信号の因果関係を基に制御量 $Y(s)$ を目標値 $R(s)$ で表して

$$
\begin{aligned}
Y(s) &= G_{\mathrm{p}}(s)M(s) \\
&= G_{\mathrm{p}}(s)G_{\mathrm{c}}(s)E(s) \\
&= G_{\mathrm{p}}(s)G_{\mathrm{c}}(s)\bigl(R(s) - H(s)Y(s)\bigr)
\end{aligned}
$$

より

$$\frac{Y(s)}{R(s)} = \frac{G_{\mathrm{p}}(s)G_{\mathrm{c}}(s)}{1 + H(s)G_{\mathrm{p}}(s)G_{\mathrm{c}}(s)} \equiv W(s) \tag{11.5}$$

と求まる. また,式 (11.3) と同様に

$$
\begin{aligned}
W(s) &= \frac{Y(s)}{R(s)} \\
&= \underbrace{\frac{1}{1 + G_{\mathrm{o}}(s)}}_{\frac{E(s)}{R(s)}} \cdot \underbrace{G_{\mathrm{p}}(s)G_{\mathrm{c}}(s)}_{\frac{Y(s)}{E(s)}} \\
&= \frac{G_{\mathrm{p}}(s)G_{\mathrm{c}}(s)}{1 + H(s)G_{\mathrm{p}}(s)G_{\mathrm{c}}(s)}
\end{aligned} \tag{11.6}
$$

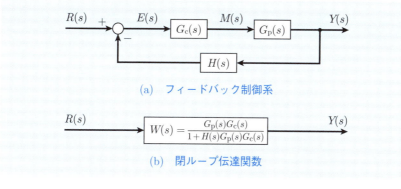

図 11.3 フィードバック制御系の閉ループ伝達関数

と考えてもよい．

このように，フィードバック制御系を構成する場合，検出器 $H(s)$ の性能が制御系全体の性能 $W(s)$ を左右することになるので，検出器 $H(s)$ の選定には留意しなければならない．ここで，検出器 $H(s)$ が非常に高性能で誤差なく，かつ少しも遅れずに制御量を計測することができるとすると

$$H(s) = 1 \tag{11.7}$$

と考えることができる．このような制御系を，**ユニティーフィードバック制御系**と呼ぶ．図 11.4 のようにユニティーフィードバック制御系の場合，一巡伝達関数 $G_\mathrm{o}(s)$ と閉ループ伝達関数 $W(s)$ は以下のようになる．

$$G_\mathrm{o}(s) = G_\mathrm{p}(s) G_\mathrm{c}(s) \tag{11.8}$$

$$W(s) = \frac{G_\mathrm{p}(s) G_\mathrm{c}(s)}{1 + G_\mathrm{p}(s) G_\mathrm{c}(s)} \tag{11.9}$$

システム制御では多くの場合，ユニティーフィードバック制御系として考えている．

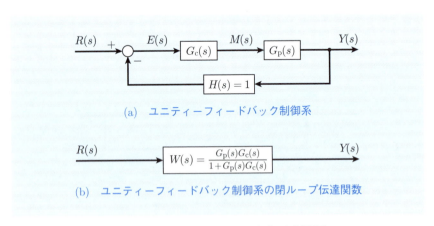

図 11.4　ユニティーフィードバック制御系

## 11.3 フィードバック制御における調節器の働き

　制御系を構成する際に，与えられる制御対象の特性 $G_\mathrm{p}(s)$ を変更することができないので，設計者が自由に選定することができる調節器 $G_\mathrm{c}(s)$ のパラメータを調整することによって，制御系全体の特性を変化させる．

　いま，ユニティーフィードバック制御系の制御対象 $G_\mathrm{p}(s)$ の極とゼロ点をそれぞれ $p_i^{(p)}$, $z_i^{(p)}$, と調節器 $G_\mathrm{c}(s)$ の極とゼロ点をそれぞれ $p_j^{(c)}$, $z_j^{(c)}$ として，次のように考える．

$$G_\mathrm{p}(s) = \frac{b_p(s - z_1^{(p)})(s - z_2^{(p)})\cdots(s - z_m^{(p)})}{a_p(s - p_1^{(p)})(s - p_2^{(p)})\cdots(s - p_n^{(p)})} \tag{11.10}$$

$$G_\mathrm{c}(s) = \frac{K(s - z_1^{(c)})(s - z_2^{(c)})\cdots(s - z_k^{(c)})}{(s - p_1^{(c)})(s - p_2^{(c)})\cdots(s - p_l^{(c)})} \tag{11.11}$$

このとき，式 (11.9) の制御系全体の特性を表す閉ループ伝達関数 $W(s)$ の特性方程式（分母 $= 0$）は

$$1 + G_\mathrm{o}(s) = 1 + G_\mathrm{p}(s)G_\mathrm{c}(s)$$
$$= 0 \tag{11.12}$$

より

$$a_p(s - p_1^{(p)})(s - p_2^{(p)})\cdots(s - p_n^{(p)})(s - p_1^{(c)})\cdots(s - p_l^{(c)})$$
$$+ b_p K(s - z_1^{(p)})(s - z_2^{(p)})\cdots(s - z_m^{(p)})(s - z_1^{(c)})\cdots(s - z_k^{(c)}) = 0 \tag{11.13}$$

となる．ここで，$K$ は調節器 $G_\mathrm{c}(s)$ のゲインで，**コントローラゲイン**と名付ける．これによって，制御対象 $G_\mathrm{p}(s)$ の極の個数が $n$ 個であったのに対し，閉ループ伝達関数 $W(s)$ の極の個数は $n + l$ 個となって，応答のモードが $l$ 個増加することが分かる．これによって，系全体の応答を所望のものに近づけることができる．また，コントローラゲイン $K$ を変化させると，$m + k$ 次以下の係数が変化するので，閉ループ伝達関数 $W(s)$ の極の値が変化して応答の様子が変化する．極の個数の変化をみるのに，次のように考えてみよう．

138　　　　　　　　　第 11 章　制御系の設計

$$G_{\mathrm{c}}(s)G_{\mathrm{p}}(s) = \frac{K(s - z_1^{(c)})(s - z_2^{(c)}) \cdots (s - z_k^{(c)})}{(s - p_1^{(c)})(s - p_2^{(c)}) \cdots (s - p_l^{(c)})}$$

$$\times \frac{b_p(s - z_1^{(p)})(s - z_2^{(p)}) \cdots (s - z_m^{(p)})}{a_p(s - p_1^{(p)})(s - p_2^{(p)}) \cdots (s - p_n^{(p)})}$$

$$= \underbrace{K}_{\text{比例要素}} \cdot \underbrace{\frac{b_p(s - z_1^{(p)}) \cdots (s - z_m^{(p)})(s - z_1^{(c)}) \cdots (s - z_k^{(c)})}{a_p(s - p_1^{(p)}) \cdots (s - p_n^{(p)})(s - p_1^{(c)}) \cdots (s - p_l^{(c)})}}_{\text{構造変化した新たな制御対象}}$$

　つまり，調節器 $G_{\mathrm{c}}(s)$ をコントローラゲイン $K$ とそれ以外の部分に分けると，調節器 $G_{\mathrm{c}}(s)$ はその極とゼロ点によって制御対象 $G_{\mathrm{p}}(s)$ に構造変化を起こし，新たな制御対象を作り出す働きをしている．その後，構造変化による新たな制御対象を

$$G_{\mathrm{c}}(s) = K$$

となる調節器によって比例制御しているとみることができる．

### ● 調節要素と根軌跡 ●

　調節要素をコントローラゲイン $K$ とそれ以外の部分に分け，コントローラゲイン以外の部分で制御対象の構造変化を起こさせると考えるのは，第 12 章で学ぶ「根軌跡」と強い関係がある．現在のようにコンピュータが発達していなかった時代に，試行錯誤しながら調節器の調整を行うのは至難の業であったと考えられる．この調整をできるだけ計算量を抑えながら行うため，先人達は各種の図式解法を使っている．「根軌跡」もその 1 つである．コントローラゲイン $K$ を 0 から $\infty$ まで増加させ，それに伴う制御系の極の位置の変化から応答の変化を推測していた．また，当時の専門書には，種々の伝達関数に対する「根軌跡」の概略図が記載されており，それらから調節器の形と極の変化（応答の変化）とを類推することを可能としていた．このような流れから，本書では，調節要素をコントローラゲイン $K$ とそれ以外の部分に分けて，それぞれの役割について説明している．

## 11.4 代表的な調節器

フィードバック制御系を構成する場合，制御の目的によってよく用いられる代表的な調節器がある．目標値の時系列の変化が少ないプロセス制御系の場合には PID 調節要素が，目標値が変化するようなサーボ機構の場合には位相進み要素や位相遅れ要素が用いられる．また，図 11.5 のように制御系調節の目安としては，一巡伝達関数 $G_o(s)$ のボード線図において，ゲイン余有と位相余有が次のように定義される．

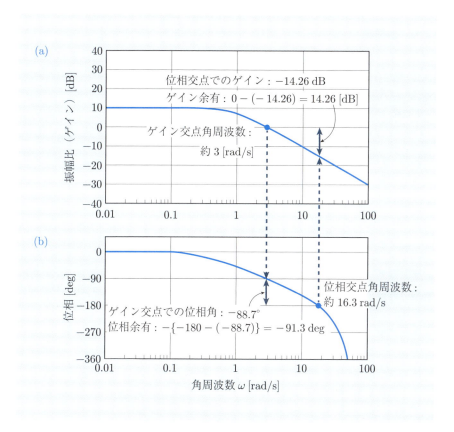

図 11.5 ゲイン余有と位相余有の定義
(a) 振幅比（ゲイン）線図　(b) 位相線図

**140**　　　　　　　　第 11 章　制御系の設計

---
**ゲイン余有と位相余有の定義**

- ゲイン余有：位相が $-180°$ となる角周波数 $\omega_{pc}$ でのゲイン $G_{pc}$ と $0\,dB$ との差
- 位相余有：ゲイン $0\,dB$ となる角周波数 $\omega_{gc}$ での位相 $\phi_{gc}$ と $-180°$ との差

---

---
**調節の目安**

**プロセス制御系**

　ゲイン余有 $3\,dB$ 以上，位相余有 $20°$ 以上，最大ゲイン $M_p$：$1.2$〜$1.5$

**サーボ機構**

　ゲイン余有 $12\,dB$ 以上，位相余有 $40°$ 以上，最大ゲイン $M_p$：$1.1$〜$1.4$

---

### 11.4.1　PID 調節要素

**PID 調節要素**はプロセス制御をはじめ，広く利用されている調節器であり

- 偏差 $e(t)$ に比例した操作量を出力する比例要素（P）
- 偏差 $e(t)$ の積分値に比例した操作量を出力する積分要素（I）
- 偏差 $e(t)$ の微分値に比例した操作量を出力する微分要素（D）

の和によって操作量を決定する調節器である．それぞれの要素の効果については，概略として以下の特徴がある．

- **比例要素**（P）：偏差を小さくする働きはあるが，定常偏差が残る場合がある
- **積分要素**（I）　：定常偏差を小さくする働きがあるが，速応性が悪化する場合がある
- **微分要素**（D）：速応性を改善することができるが，安定性が悪化する場合がある

　PID 調節要素の伝達関数 $G_{PID}(s)$ は，$T_I$ を積分時間，$T_D$ を微分時間として，一般的に次で示される．

$$G_{PID}(s) = K_P \left( 1 + \frac{1}{T_I s} + T_D s \right) \tag{11.14}$$

## 11.4 代表的な調節器

これを整理すると、分母は 1 次、分子は 2 次になることが分かり、元の制御対象 $G_\mathrm{p}$ に対して極を 1 つ、ゼロ点を 2 つ付加する形となる。また、ボード線図は図 11.6 に示すようになり、高周波数側で位相を進める効果があることが分かる。プロセス制御系では高周波側での位相遅れが大きくなることが懸念されるので、主に、位相特性の改善を目的として設計する。

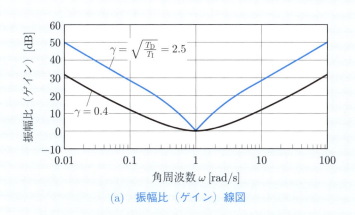

(a) 振幅比（ゲイン）線図

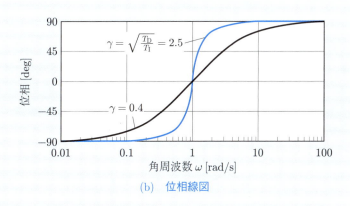

(b) 位相線図

図 11.6　PID 調節要素のボード線図（$\omega_0 = \dfrac{1}{\sqrt{T_\mathrm{I} T_\mathrm{D}}}$）

142 第 11 章 制御系の設計

---
┌─ PID 調節要素の別表現 ──────────────────────

コンピュータ制御が盛んになるに従い，PID 調節要素の伝達関数をプログラミングとの整合性を高めて，次のように表現する場合がある．

$$G_{\mathrm{PID}}^{(D)}(s) = K_{\mathrm{P}} + \frac{K_{\mathrm{I}}}{s} + K_{\mathrm{D}} s \tag{11.15}$$

それぞれの要素の感度を調整するには便利な表現であるが，前述の

(調節器) = (コントローラゲイン) × (極・ゼロ点による構造変化)

という理解を直観的に与えることはできない．本書では，伝統的な表現を用いることとする．
└────────────────────────────────────────

## 11.4.2 PID 調節要素によるプロセス制御系の設計

化学プラントなどのプロセス制御においては，反応炉などの大型装置が多く使用されていると考えられ，それらの特性を表すために次の伝達関数がよく用いられる．

$$G_{\mathrm{p}}(s) = \underbrace{\frac{K}{1 + Ts}}_{\text{一次遅れ}} \cdot \underbrace{e^{Ls}}_{\text{むだ時間}} \tag{11.16}$$

これは，図 11.7 のように，一般的に高次遅れ系であるプロセス制御系のステップ応答の S 字曲線を，一次遅れ系のステップ応答とむだ時間要素を用いて近似して得られるものである．S 字曲線の開始部分は応答が小さいことからむだ時間で置き換え，時間の経過とともに増大する部分は制御対象の**代表極**（最も虚軸に近い極）の影響が強いので，一次遅れ系で近似している．

（一次遅れ + むだ時間）系で表される制御対象の位相 $\angle G(j\omega)$ は

$$\angle G(j\omega) = L\omega + \tan^{-1} T\omega \tag{11.17}$$

で得られるので，位相交点（位相 $\phi = -180°$ となる角周波数）$\omega_{\mathrm{pc}}$ は

$$\pi = L\omega_{\mathrm{pc}} + \tan^{-1} T\omega_{\mathrm{pc}} \tag{11.18}$$

と書ける．ここで一次遅れ系の位相は $0°$〜$-90°$ まで変化することを考慮して

$$\frac{\pi}{2} \leq L\omega_{\mathrm{pc}} \leq \pi \tag{11.19}$$

## 11.4 代表的な調節器

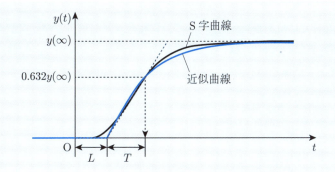

**図 11.7** プロセス制御系のステップ応答の近似

から

$$\frac{\pi}{2L} \leq \omega_{\mathrm{pc}} \leq \frac{\pi}{L} \tag{11.20}$$

となり，この範囲に位相交点 $\omega_{\mathrm{pc}}$ があることが分かる．

また，PID 調節要素の周波数伝達関数 $G_{\mathrm{PID}}(j\omega)$ は

$$\begin{aligned}
G_{\mathrm{PID}}(j\omega) &= K_{\mathrm{P}} \left( 1 + \frac{1}{T_{\mathrm{I}} j\omega} + T_{\mathrm{D}} j\omega \right) \\
&= K_{\mathrm{P}} \left\{ 1 + j \left( T_{\mathrm{D}} \omega - \frac{1}{T_{\mathrm{I}} \omega} \right) \right\} \\
&= K_{\mathrm{P}} \left\{ 1 + j \sqrt{\frac{T_{\mathrm{D}}}{T_{\mathrm{I}}}} \left( \sqrt{T_{\mathrm{I}} T_{\mathrm{D}}} \, \omega - \frac{1}{\sqrt{T_{\mathrm{I}} T_{\mathrm{D}}} \, \omega} \right) \right\}
\end{aligned} \tag{11.21}$$

となる．ここで

$$\omega_0 \equiv \frac{1}{\sqrt{T_{\mathrm{I}} T_{\mathrm{D}}}}, \ \gamma \equiv \sqrt{\frac{T_{\mathrm{D}}}{T_{\mathrm{I}}}}$$

とおくと

$$G_{\mathrm{PID}}(j\omega) = K_{\mathrm{P}} \left\{ 1 + j\gamma \left( \frac{\omega}{\omega_0} - \frac{\omega_0}{\omega} \right) \right\} \tag{11.22}$$

と変形できるので，PID 調節要素の位相 $\angle G_{\mathrm{PID}}(j\omega)$ は

$$\angle G_{\mathrm{PID}}(j\omega) = \tan^{-1} \left\{ \gamma \left( \frac{\omega}{\omega_0} - \frac{\omega_0}{\omega} \right) \right\} \tag{11.23}$$

**144**　　　第 11 章　制御系の設計

と求まる．つまり，$\omega = \omega_0 \ (= 1/\sqrt{T_\mathrm{I} T_\mathrm{D}})$ の角周波数では，位相が $0°$ となり，$\omega < \omega_0$ では位相が負，$\omega_0 < \omega$ では位相が正となる．この位相が正となる領域で制御対象の位相の遅れを改善することを目的とするので，制御対象の位相交点 $\omega_\mathrm{pc}$ より低い角周波数に PID 調節要素の位相が $0°$ となる点を設置することが必要となる．そこで

$$\omega_0 < \omega_\mathrm{pc} \tag{11.24}$$

の設計条件が得られる．

また，$\gamma = \sqrt{T_\mathrm{D}/T_\mathrm{I}}$ の値が大きいほど，$\omega = \omega_0 \ (= 1/\sqrt{T_\mathrm{I} T_\mathrm{D}})$ の前後での位相の変化が急峻となり，補償効果が高まる．一方，(一次遅れ + むだ時間) 系で表される制御対象の振幅比（ゲイン）$|G(j\omega)|$ は

$$\left|G(j\omega)\right| = \frac{K}{\sqrt{1 + T^2 \omega^2}} \tag{11.25}$$

PID 調節要素の振幅比（ゲイン）$|G_\mathrm{PID}(j\omega)|$ は

$$\begin{aligned}
\left|G_\mathrm{PID}(j\omega)\right| &= K_\mathrm{P} \sqrt{1 + \gamma^2 \left(\frac{\omega}{\omega_0} - \frac{\omega_0}{\omega}\right)^2} \\
&= K_\mathrm{P} \sqrt{1 + \left(T_\mathrm{D}\omega - \frac{1}{T_\mathrm{I}\omega}\right)^2} \tag{11.26}
\end{aligned}$$

となるので，(PID 調節要素 + 一次遅れ + むだ時間) の前向き要素 $G_\mathrm{o}(s)$ の振幅比（ゲイン）$|G_\mathrm{o}(j\omega)|$ は

$$\begin{aligned}
\left|G_\mathrm{o}(j\omega)\right| &= \left|G_\mathrm{PID}(j\omega)\right|\left|G(j\omega)\right| \\
&= K_\mathrm{P} \sqrt{1 + \left(T_\mathrm{D}\omega - \frac{1}{T_\mathrm{I}\omega}\right)^2} \ \frac{K}{\sqrt{1 + T^2 \omega^2}} \tag{11.27}
\end{aligned}$$

で得られる．高周波数域（$w \to \infty$）において概算し，さらに安定の条件のため $0\,\mathrm{dB}$ より小さいことを考慮すると，次式が得られる．

$$\left|G_\mathrm{o}(j\omega)\right| \approx \frac{K_\mathrm{P} K T_\mathrm{D}}{T} < 1 \tag{11.28}$$

図 11.8 の位相線図に注目すると，高周波数域で位相角が増加している．

### プロセス制御系の PID 調節要素の調整条件

$G_{\mathrm{p}}(s) = \dfrac{K}{1+Ts} e^{-Ls}$ で表されるプロセスに対し

$$G_{\mathrm{PID}}(s) = K_{\mathrm{P}} \left(1 + \dfrac{1}{T_{\mathrm{I}} s} + T_{\mathrm{D}} s \right)$$

の PID 調節要素で制御する場合

- 制御対象の位相遅れの改善のため，$\omega_0 < \omega_{\mathrm{pc}}$  ∴  $1/\sqrt{T_{\mathrm{I}} T_{\mathrm{D}}} < \omega_{\mathrm{pc}}$
  ただし，$\omega_{\mathrm{pc}}$ は制御対象の位相交点で，$L\omega_{\mathrm{pc}} + \tan^{-1} T\omega_{\mathrm{pc}} = \pi$ で求まり，$\pi/(2L) \leq \omega_{\mathrm{pc}} \leq \pi/L$ の範囲にある．
- $\gamma = \sqrt{T_{\mathrm{D}}/T_{\mathrm{I}}}$ の値を増大させると，位相角の補償効果が高まる．
- 高周波数域（$w \to \infty$）におけるゲインに関する安定の条件から，$K_{\mathrm{P}} K T_{\mathrm{D}}/T < 1$ とする．  ∴  $K_{\mathrm{P}} T_{\mathrm{D}} < T/K$

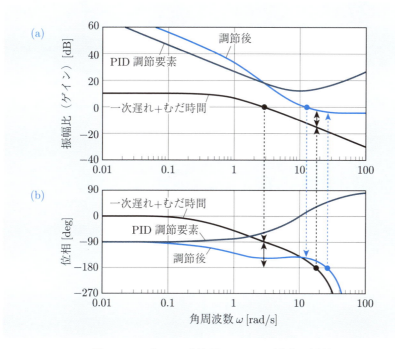

図 11.8　プロセス制御系のステップ応答の近似
(a) 振幅比（ゲイン）線図　(b) 位相線図

**146**　　　　　　　第 11 章　制御系の設計

### 11.4.3　PID 調節要素の代表的な設計値

前節の調整条件に基づいてパラメータ調整を行うが，試行錯誤は避けられない．そこで，従来から知られている代表的な設計値を次に挙げる．

**CHR（Chien–Hrones–Reswick）法**　外乱効果抑制を目的に，オーバーシュート量を 20% として得られたシミュレーション結果を基に定められた設計値は，$K_P = 1.2T/KL$, $T_I = 2L$, $T_D = 0.42L$.

**ZN（Ziegler–Nichols）法**　(一次遅れ + むだ時間) 系で近似したプロセスのステップ応答の S 字曲線の急こう配部分に接線を引き，時間軸との交点を $L$ とする．この $L$ を基準として定められた設計値は，$K_P = 1.2T/KL$, $T_I = 2L$, $T_D = 0.5L$.

**ZN（Ziegler–Nichols）限界感度法**　まず，比例要素のみのコントローラとし，コントローラゲイン $K_P$ を 0 から徐々に増加させて，制御量が安定限界に達して一定振幅の振動となったときのコントローラゲインを $K_s$ と置く．この $K_s$ と持続する振動の周期 $T_s$ を基準として定められた設計値は，$K_P = 0.6K_s$, $T_I = 0.5T_s$, $T_D = 0.125T_s$.

### 11.4.4　位相進み要素

位相進み要素による制御系の設計は，基本的に PID 調節要素の場合と同様に，制御対象の位相遅れを改善することを目的としている．位相進み要素の伝達関数 $G_{\text{Plead}}(s)$ は

$$G_{\text{Plead}}(s) = \frac{1 + T_2 s}{1 + T_1 s} \quad (T_2 > T_1) \tag{11.29}$$

ゲイン線図と位相線図は**図 7.2** となり，その特徴は次のとおりである．

- $\omega < \dfrac{1}{T_2}$：振幅比（ゲイン）曲線の傾き 0 dB/dec で，位相は $0°$ に近い．

- $\omega = \dfrac{1}{T_2}$：振幅比（ゲイン）は +3 dB，位相は $+45°$ 近傍

- $\dfrac{1}{T_2} < \omega < \dfrac{1}{T_1}$：振幅比（ゲイン）曲線の傾き +20 dB/dec

- $\omega_m = \dfrac{1}{\sqrt{T_1 T_2}}$：位相角の最大値を与える角周波数

  $\omega_m$ での位相角の最大値：$\phi_m = \sin^{-1}\left(\dfrac{T_2 - T_1}{T_1 + T_2}\right)$

## 11.4 代表的な調節器

$\omega_\mathrm{m}$ でのゲインの増加分：$\sqrt{\dfrac{T_2}{T_1}}$

- $\omega = \dfrac{1}{T_1}$：位相は $+45°$ 近傍

- $\dfrac{1}{T_1} < \omega$：振幅比（ゲイン）曲線の傾き $0\,\mathrm{dB/dec}$. 位相は $0°$ に近づく.

設計の手順は

---

① 定常特性（定常偏差や定常速度偏差）を満足するように，制御系のゲイン $K_\mathrm{c}$ を決める.

② 上のゲインを用いて位相遅れ補償を行う前の一巡伝達関数 $K_\mathrm{c}G_\mathrm{p}(s)$ のボード線図を描き，ゲイン交点（$0\,\mathrm{dB}$ となる点）での位相余有を求める.

③ 位相余有を希望とする値（設計値）になるよう，補償回路が持つべき位相角から $\phi_\mathrm{m}$（$< +90$）を決定し，時定数 $T_1$, $T_2$ の比を求める.

④ 位相角の最大値を与える角周波数 $\omega_\mathrm{m}$ では，ゲインが $20\log_{10}\sqrt{T_2/T_1}\,[\mathrm{dB}]$ 上がるので，現在，$-20\log_{10}\sqrt{T_2/T_1}\,[\mathrm{dB}]$ の点の角周波数を読み取り，これを $\omega_\mathrm{m}$ とする. この角周波数が補償後の新たなゲイン交点になる.

⑤ $\omega_\mathrm{m}$ と時定数 $T_1$, $T_2$ の比から，時定数 $T_1$, $T_2$ を決定する.

⑥ 補償後のボード線図を描き，位相余有を確認する.

---

### ▥ 例題 11.1 ▥

制御対象が

$$G_\mathrm{P}(s) = \frac{K}{s(1 + 0.05s)}$$

であるとき

① ランプ入力に対する定常速度偏差を $0.01$ 以内

② 位相余有を $45°$ 以上

とするような位相進み要素による制御系を設計せよ.

---

**【解答】** 求めようとする制御系は，図 **11.9** に示すものである.

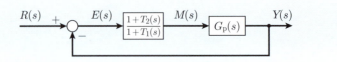

図 11.9　構成すべき制御系

まず，補償前の制御系 $G_P(s)$ の特性を調べるために，図 11.10 のように位相進み補償器を用いずにユニティーフィードバック系を構成したとして，与えられた定常特性を満足する比例ゲイン $K_c$ を求める．

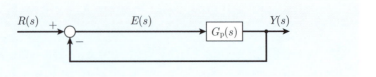

図 11.10　ユニティーフィードバック制御系

定常偏差を求めるため，入力 $R(s)$ に対する偏差 $E(s)$ の伝達特性を考えると，図 11.11 のようになる．

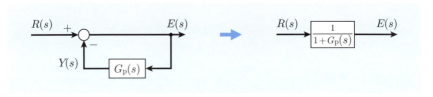

図 11.11　定常偏差を考える系

与えられた制御対象の伝達関数を代入すると，図 11.12 になる．

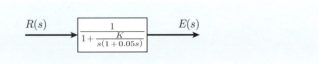

図 11.12　定常偏差を求める系

まとめると，図 11.13 となる．

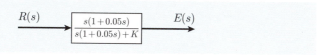

**図 11.13 入力に対する定常偏差の伝達関数**

定常速度偏差を求めるために，入力をランプ入力 $1/s^2$ として定常偏差 $e(\infty)$ を求める．

$$e(\infty) = \mathcal{L}^{-1}\left[\left\{\frac{s(1+0.05s)}{s(1+0.05s)+K_c}\right\}\frac{1}{s^2}\right] = \frac{1}{K_c}$$

設計仕様より

$$e(\infty) = \frac{1}{K_c} \leq 0.01$$

なので，$K_c \geq 100 = 40\,[\text{dB}]$ となる．ここで，一旦，$K = 100$ として制御対象 $G_P(s)$ のボード線図を描き，補償前の位相余有を求める．

① 図 11.14 の破線のゲイン線図は $K = 1$ とした制御対象のものであり，定常速度偏差をなくすために $K = 100$ としたことにより上方へ $40\,\text{dB}$ 移動した実線となっている．

② そのゲイン交点（$42.25\,\text{rad/s}$）の位相角より位相余有は $25°$ であることが分かり，

③ 求められている位相余有 $45°$ への不足分 $20°$ が求まる．これを用いて

$$\frac{T_2 - T_1}{T_1 + T_2} = \sin 20°$$

から $T_1, T_2$ の比が以下のように求まる．

$$\frac{T_2}{T_1} = \frac{1 + \sin 20°}{1 - \sin 20°} = 2.040$$

④ $T_1, T_2$ の比より，高周波数域での位相進み要素のゲイン増加量が求まる．

$$20\log_{10}\sqrt{\frac{T_2}{T_1}} = 20\log_{10}\sqrt{2.040}$$
$$= 3.095$$

よって，黒実線のゲイン曲線の $-3.095\,\text{dB}$ を与える点が補償後のゲイン交点となるので，$51.60\,\text{rad/s}$ が新たなゲイン交点となり，次の式が得られる．

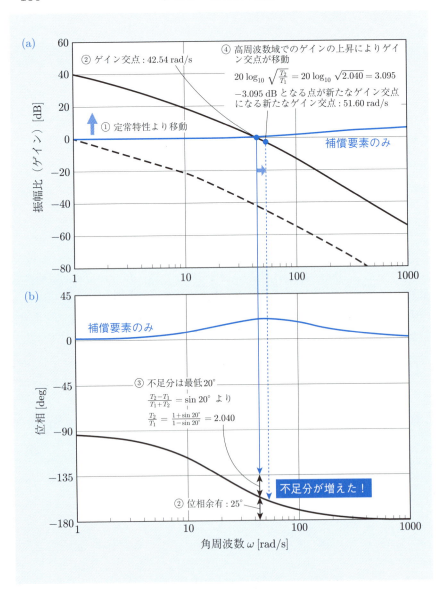

図 11.14 位相進み要素による設計の過程
(a) 振幅比（ゲイン）線図　(b) 位相線図

## 11.4 代表的な調節器　151

$$\frac{1}{\sqrt{T_1 T_2}} = 51.06$$

これらの関係から

$$T_1 = 0.01357,$$
$$T_2 = 0.02768$$

が得られる．ここで，再び制御対象の 51.60 rad/s での位相余有を確認すると，当初の値より減少していて補償すべき不足分が増えていることが分かる．つまり，得られた時定数 $T_1$, $T_2$ は適切ではなく，位相角の補償を多めにして再設計しなければならない．

③′　そこで，図 11.15 のように余裕をみて位相補償の不足分を 30° としてみる．これを用いて

$$\frac{T_2 - T_1}{T_1 + T_2} = \sin 30°$$

から $T_1$, $T_2$ の比が以下のように求まる．

$$\frac{T_2}{T_1} = \frac{1 + \sin 30°}{1 - \sin 30°}$$
$$= 3$$

④′　$T_1$, $T_2$ の比より，高周波数域での位相進み要素のゲイン増加量が求まる．

$$20 \log_{10} \sqrt{\frac{T_2}{T_1}} = 20 \log_{10} \sqrt{3}$$
$$= 4.771$$

よって，黒実線のゲイン曲線の $-4.771$ dB を与える点が補償後のゲイン交点 $\omega_m$ となるので，$\omega_m = 57.18$ [rad/s] が新たなゲイン交点となり，次の式が得られる．

$$\frac{1}{\sqrt{T_1 T_2}} = 57.18$$

これらの関係から

$$T_1 = 0.01,$$
$$T_2 = 0.03$$

が得られる．ここで，再び，制御対象の $\omega_m = 57.18$ [rad/s] での位相余有を確認すると，設計仕様を満足していることが分かる．

**152**　　　第 11 章　制御系の設計

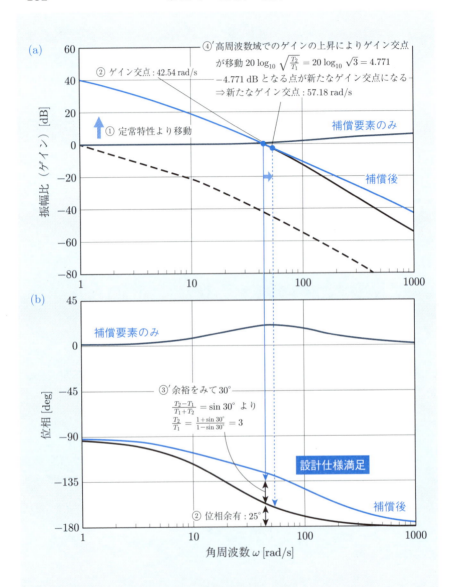

**図 11.15　位相進み要素による設計の過程**
(a) 振幅比（ゲイン）線図　(b) 位相線図

## 11.4.5 位相遅れ要素

位相遅れ要素による制御系の設計は，基本的に PID 調節要素の場合と同様に，制御対象の位相遅れを改善することを目的としている．位相遅れ要素の伝達関数 $G_{\mathrm{Plag}}(s)$ は

$$G_{\mathrm{Plag}}(s) = \frac{1 + T_2\,s}{1 + T_1\,s} \quad (T_1 > T_2) \tag{11.30}$$

ゲイン線図と位相線図は図 7.3 となり，その特徴は次のとおりである．

- $\omega < \dfrac{1}{T_1}$：振幅比（ゲイン）曲線の傾き $0\,\mathrm{dB/dec}$ で，位相は $0°$ に近い．

- $\omega = \dfrac{1}{T_1}$：振幅比（ゲイン）は $-3\,\mathrm{dB}$，位相は $-45°$ 近傍

- $\dfrac{1}{T_1} < \omega < \dfrac{1}{T_2}$：振幅比（ゲイン）曲線の傾き $-20\,\mathrm{dB/dec}$

- $\omega_{\mathrm{m}} = \dfrac{1}{\sqrt{T_1 T_2}}$：位相角の最大値を与える角周波数

  $\omega_{\mathrm{m}}$ での位相角の最小値：$\phi_{\mathrm{m}} = \sin^{-1}\left(\dfrac{T_2 - T_1}{T_1 + T_2}\right)$

  $\omega_{\mathrm{m}}$ でのゲインの減少分：$\sqrt{\dfrac{T_2}{T_1}}$

- $\omega = \dfrac{1}{T_2}$：位相は $-45°$ 近傍

- $\dfrac{1}{T_2} < \omega$：振幅比（ゲイン）曲線の傾き $0\,\mathrm{dB/dec}$．位相は $0°$ に近づく．

設計の手順は

---

① 定常特性（定常偏差や定常速度偏差）を満足するように，制御系のゲイン $K_{\mathrm{c}}$ を決める．

② 上のゲインを用いて位相遅れ補償を行う前の一巡伝達関数 $K_{\mathrm{c}}\,G_{\mathrm{p}}(s)$ のボード線図を描き，設計仕様の位相余有に若干のマージンを加えた位相余有になる角周波数 $\omega_{\mathrm{p}}$ を求める．

③ 上で求めた角周波数 $\omega_{\mathrm{p}}$ でのゲイン（減少させるべきゲインの変化分）を読み取り，$-20\log_{10}\sqrt{T_2/T_1}\,[\mathrm{dB}]$ から時定数 $T_1,\ T_2$ の比を求める．

④ 位相遅れの影響を高周波数域に及ぼさないように，高周波数側の折点周波数 $1/T_2$ を $1/T_2 < \omega_{\mathrm{p}}/10$ 程度に決定する．

154 第 11 章 制御系の設計

⑤ 時定数 $T_1$, $T_2$ の比から，時定数 $T_1$, $T_2$ を決定する．

⑥ 補償後のボード線図上を描き，位相余有を確認する．

■ **例題 11.2** ■

制御対象が

$$G_{\mathrm{P}}(s) = \frac{K}{s(1 + 0.05s)}$$

であるとき

① ランプ入力に対する定常速度偏差を 0.01 以内

② 位相余有を 45° 以上

とするような位相遅れ要素による制御系を設計せよ．

**【解答】** 先の位相進み要素による設計と同様に，定常特性を満足する比例ゲイン $K_{\mathrm{c}}$ を求める（例題 11.1 を参照のこと）．

定常速度偏差を求めるために，入力をランプ入力 $1/s^2$ として定常偏差 $e(\infty)$ を求める．設計仕様より

$$e(\infty) = \mathcal{L}^{-1} \left[ \left\{ \frac{s(1 + 0.05s)}{s(1 + 0.05s) + K_{\mathrm{c}}} \right\} \frac{1}{s^2} \right]$$

$$= \frac{1}{K_{\mathrm{c}}} \leq 0.01$$

なので

$$K \geq 100 = 40 \ [\mathrm{dB}]$$

となる．ここで，一旦，$K = 100$ として制御対象 $G_{\mathrm{P}}(s)$ のボード線図を描き，補償前の位相余有を求める．

① 図 11.16 の破線のゲイン線図は $K = 1$ とした制御対象のものであり，定常速度偏差をなくすために $K = 100$ としたことにより上方へ 40 dB 移動した実線となっている．

② 未補償の系の位相線図より位相余有が 45° となる角周波数は，20 rad/s であることが分かる．この角周波数をゲイン交点となるように設計すると，位相遅れ補償要素の位相遅れの影響により位相余有の設計仕様が満足できなくな

## 11.4 代表的な調節器

るため，位相特性を低周波数側にずらして位相遅れの影響を小さくするように，余裕をみてゲイン交点 $\omega_{\mathrm{p}}$ を小さく設定する．ここでは

$$\omega_{\mathrm{p}} = 15.8 \ [\mathrm{rad/s}]$$

と定める．

③ 未補償の系のゲイン線図より，新たに定めたゲイン交点 ($\omega_{\mathrm{p}} = 15.8 \ [\mathrm{rad/s}]$) におけるゲインが $13.8\,\mathrm{dB}$ であることが読み取れるので，減少させるべきゲインは $13.8\,\mathrm{dB}$ と求まる．$T_1, T_2$ の比とゲインの減少量との関係を用いて

$$-20 \log_{10} \sqrt{\frac{T_2}{T_1}} = 13.8 \ [\mathrm{dB}]$$

から $T_1, T_2$ の比が以下のように求まる．

$$\frac{T_2}{T_1} = 2.040$$

④ 位相曲線を全体的に低周波数域へずらし，ゲイン交点より高周波数域での位相遅れの影響を小さくするため

$$\frac{1}{T_2} < \frac{\omega_{\mathrm{g}}}{10} = \frac{15.8}{10}$$

として，$T_2 > 0.633$ より

$$T_2 = 0.680 \ [\mathrm{s}]$$

とする．

⑤ また，$T_1, T_2$ の比より

$$T_1 = 3.331 \ [\mathrm{s}]$$

とする．

ここで，再び，制御対象の $\omega_{\mathrm{p}} = 15.8 \ [\mathrm{rad/s}]$ での位相余有を確認すると，設計仕様を満足していることが分かる．

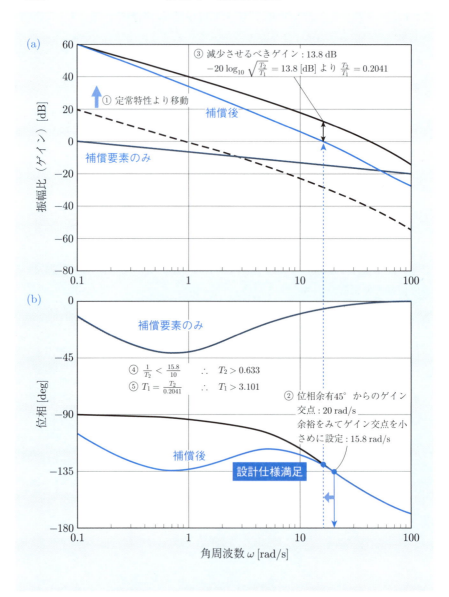

図 11.16 位相遅れ要素による設計の過程
(a) 振幅比（ゲイン）線図　(b) 位相線図

☐ **11.1** 開ループ伝達関数が
$$G_o(s) = \frac{K}{s(0.5s+1)(0.2s+1)}$$
であるとき，調節器を位相進み要素としたユニティーフィードバック系を設計せよ．仕様は，
　① 定常速度偏差 0.1 以下
　② 位相余有 45° 以上
とする．

☐ **11.2** 問 11.1 において，調節器を位相遅れ要素とした場合はどうか．

# 第12章

# 根軌跡法

　制御系の応答を左右する極の数やその複素平面上での位置が，制御対象のみならず調節器の種類や調節ゲインの大きさで変化することを前章で学修した．コントローラゲインの大小による制御系の応答の変化を図を用いて推測する方法として，根軌跡法がある．数値計算を行う制御系設計ソフトが手軽に使えるようになる以前は，このような図式解法による設計法が用いられていた．

**160**　　　　　　　　　　第 12 章　根 軌 跡 法

# 12.1　根軌跡の意味

**根軌跡法**（root locus method）は，制御系の設計において，調節器のゲイン
を変化させたときに，どの範囲で制御系全体が安定で，かつどのように応答す
るのかを視覚的に把握するときに用いる．**根軌跡**（root locus）は，制御系のコ
ントローラゲインを 0 から $\infty$ に変化させていったときの制御系の特性方程式
の根，すなわち極の位置を複素平面上に描いたものである．これまでに学修し
たように，特性方程式の根は極 $p$ であり，時間応答のモード $e^{pt}$ として応答の
発散や収束を左右するものである．極 $p$ の実部がすべて負の場合には，すべて
のモード $e^{pt}$ が時間の経過とともに 0 に収束して系は安定となる．よって，す
べての根の実部が負であることが，安定の条件であった．

制御対象の伝達関数を $G_\mathrm{p}(s)$，調節器の伝達関数を $G_\mathrm{c}(s)$，検出器の伝達関数
を $H(s)$ とする．フィードバック制御系において，$G_\mathrm{c}(s)G_\mathrm{p}(s)$ は**前向き伝達関
数**，$G_\mathrm{c}(s)G_\mathrm{p}(s)H(s)$ は**開ループ伝達関数**（open loop transfer function），あ
るいは**一巡伝達関数**と呼ばれ，制御系全体の特性を表す閉ループ伝達関数 $W(s)$
は，以下となる．

$$W(s) = \frac{G_\mathrm{c}(s)G_\mathrm{p}(s)}{1 + G_\mathrm{c}(s)G_\mathrm{p}(s)H(s)} \tag{12.1}$$

一巡伝達関数

$$G_\mathrm{o}(s) = G_\mathrm{c}(s)G_\mathrm{p}(s)H(s) \tag{12.2}$$

を用いて閉ループ伝達関数を表すと次式となる．

$$W(s) = \frac{G_\mathrm{c}(s)G_\mathrm{p}(s)}{1 + G_\mathrm{o}(s)} \tag{12.3}$$

制御系全体の応答特性を決める極を求めるための特性方程式は，閉ループ伝
達関数 $W(s)$ の分母 $= 0$ として，次式となる．

$$1 + G_\mathrm{o}(s) = 0 \tag{12.4}$$

ここで，多くの場合，検出器が遅れなく制御量を正しく検出する理想的な動作
を行うとして，$H(s) = 1$ とする．これを，**ユニティフィードバック**（unity
feedback）と呼ぶ．この場合，開ループ伝達関数，あるいは一巡伝達関数 $G_\mathrm{o}(s)$
は $G_\mathrm{c}(s)G_\mathrm{p}(s)$ となり，閉ループ伝達関数 $W(s)$ は次のように書き改められる．

## 12.1 根軌跡の意味

$$W(s) = \frac{G_{\mathrm{c}}(s)G_{\mathrm{p}}(s)}{1 + G_{\mathrm{c}}(s)G_{\mathrm{p}}(s)H(s)}$$

$$= \frac{G_{\mathrm{c}}(s)G_{\mathrm{p}}(s)}{1 + G_{\mathrm{c}}(s)G_{\mathrm{p}}(s)} \qquad \Big\} \; H(s) = 1 \; \text{として}$$

$$= \frac{G_{\mathrm{o}}(s)}{1 + G_{\mathrm{o}}(s)} \tag{12.5}$$

この場合においても，制御系全体の応答特性を決める極を求めるための特性方程式は，閉ループ伝達関数 $W(s)$ の分母 $= 0$ として，次式となる．

$$1 + G_{\mathrm{o}}(s) = 0 \tag{12.6}$$

$H(s) = 1$ としたユニティーフィードバック制御系について，根軌跡を考えよう．制御対象の極を $p_i^{(p)}$，ゼロ点を $z_i^{(p)}$，ゲインを $A$，調節器の極を $p_i^{(c)}$，ゼロ点を $z_i^{(c)}$，ゲインを $K$ として，一巡伝達関数 $G_{\mathrm{o}}(s)$ を次のように考える．

$$G_{\mathrm{o}}(s) = G_{\mathrm{c}}(s)G_{\mathrm{p}}(s) = \frac{AK \displaystyle\prod_{i=1}^{k}\left(s - z_i^{(c)}\right)}{\displaystyle\prod_{i=1}^{l}\left(s - p_i^{(c)}\right)} \frac{\displaystyle\prod_{i=1}^{m}\left(s - z_i^{(p)}\right)}{\displaystyle\prod_{i=1}^{n}\left(s - p_i^{(p)}\right)} \tag{12.7}$$

よって，特性方程式の一般系は次のようになる．

$$1 + G_{\mathrm{o}}(s) = 0$$

$$1 + \frac{AK \displaystyle\prod_{i=1}^{k}\left(s - z_i^{(c)}\right)}{\displaystyle\prod_{i=1}^{l}\left(s - p_i^{(c)}\right)} \frac{\displaystyle\prod_{i=1}^{m}\left(s - z_i^{(p)}\right)}{\displaystyle\prod_{i=1}^{n}\left(s - p_i^{(p)}\right)} = 0 \tag{12.8}$$

また，分母を払うと次のように変形される．

$$\prod_{i=1}^{n}\left(s - p_i^{(p)}\right)\prod_{i=1}^{l}\left(s - p_i^{(c)}\right) + AK \prod_{i=1}^{k}\left(s - z_i^{(c)}\right)\prod_{i=1}^{m}\left(s - z_i^{(p)}\right) = 0 \tag{12.9}$$

この式に示すように，コントローラゲイン $K = 0$ のときの特性方程式はフィードバック制御系を構成する前の一巡伝達関数（開ループ伝達関数）$G_{\mathrm{o}}(s)$ の極を与える．そして，コントローラゲイン $K$ を増加させるにつれて制御の効果が

**162**　　　　　　　　第 12 章　根 軌 跡 法

現れて極の位置が変化することが分かる.

制御対象の極 $p_i^{(p)}$ と調節器の極 $p_i^{(c)}$ を区別なく極 $p_i$, 制御対象のゼロ点 $z_i^{(p)}$ と調節器のゼロ点 $z_i^{(c)}$ を区別なくゼロ点 $z_i$ と書くと, 特性方程式は次式となる.

$$1 + \frac{AK \displaystyle\prod_{i=1}^{m+k} (s - z_i)}{\displaystyle\prod_{i=1}^{n+l} (s - p_i)} = 0 \tag{12.10}$$

複素数 $b$ が

$$b = \underbrace{\alpha + j\beta}_{\text{代数形式}} = \underbrace{|b|\,(\cos\phi + j\sin\phi)}_{\text{極形式}} = \underbrace{|b|\,e^{j\phi}}_{\text{指数形式}}$$

のように表現できることを考慮して, 指数形式で書き改めると

$$(s - p_i) = \underbrace{|s - p_i|}_{P_i \text{ とおく}} e^{j\phi_i} = P_i\, e^{j\phi_i}$$

となるので, 以下のように変形できる.

$$1 + \frac{AK \displaystyle\prod_{i=1}^{m+k} Z_i\, e^{j\theta_i}}{\displaystyle\prod_{i=1}^{n+l} P_i\, e^{j\phi_i}} = 0$$

$$1 + \frac{AK \displaystyle\prod_{i=1}^{m+k} Z_i \exp\left(j\sum_{i=1}^{m+k} \theta_i\right)}{\displaystyle\prod_{i=1}^{n+l} P_i \exp\left(j\sum_{i=1}^{n+l} \phi_i\right)} = 0$$

$$1 + \underbrace{\frac{AK \displaystyle\prod_{i=1}^{m+k} Z_i}{\displaystyle\prod_{i=1}^{n+l} P_i}}_{\text{正の実数}} \underbrace{\exp\left\{j\left(\sum_{i=1}^{m+k} \theta_i - \sum_{i=1}^{n+l} \phi_i\right)\right\}}_{\text{絶対値が 1 で虚部が 0}} = 0 \tag{12.11}$$

$$\underbrace{\hphantom{1 + \frac{AK \prod_{i=1}^{m+k} Z_i}{\prod_{i=1}^{n+l} P_i} \exp\left\{j\left(\sum_{i=1}^{m+k} \theta_i - \sum_{i=1}^{n+l} \phi_i\right)\right\}}}_{-1 \text{ でなければならない}}$$

## 12.1 根軌跡の意味

上式が成立するためには

$$\begin{cases} \exp\left\{j\left(\sum_{i=1}^{m+k}\theta_i - \sum_{i=1}^{n+l}\phi_i\right)\right\} = -1 & (12.12) \\ \dfrac{AK\prod_{i=1}^{m+k}Z_i}{\prod_{i=1}^{n+l}P_i} = 1 & (12.13) \end{cases}$$

が成立しなければならない。そこで

$$\sum_{i=1}^{m+k}\theta_i - \sum_{i=1}^{n+l}\phi_i = \pi \pm 2h\pi \quad (h = \pm 1, \pm 2, \ldots) \tag{12.14}$$

となる位相条件が得られる。この方程式は，複素平面上の点が図 12.1 のように根軌跡となるための，根軌跡が極やゼロ点となす角（図 12.1 の $\phi_1 \sim \phi_3$ と $\theta_1$）の関係を表している。また，同時に

$$\frac{AK\prod_{i=1}^{m+k}Z_i}{\prod_{i=1}^{n+l}P_i} = 1 \tag{12.15}$$

となるゲイン条件が得られ，根軌跡上の点の絶対値からゲイン $K$ を求めるために用いられる。

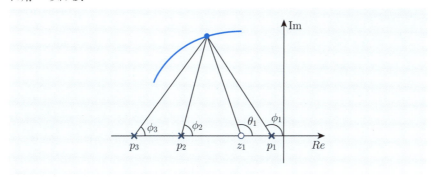

図 12.1　根軌跡の位相条件

**164** 第 12 章 根 軌 跡 法

## 12.2 根軌跡の描き方

前節の位相条件を満たすような点を複素平面上に見出し，それらを根軌跡として繋ぎ，ある特徴的な根軌跡上の点のゲイン $K$ を求めるために，ゲイン条件を用いる．制御系設計ソフト（MATLAB や Scilab など）を使えば簡単に描けるが，以下に根軌跡の性質を挙げる．

① 根軌跡の始点（$K = 0$）は極，終点（$K = \infty$）はゼロ点か無限遠点

② 分枝の数は $n$ 本（極の数と同数）

③ 根軌跡は実軸に対して対称（極もゼロ点も，実数か共役複素数であるから）

④ $n$ を極の数，$m$ をゼロ点の数とすると，$n - m$ 本の分枝は無限遠に発散

⑤ 無限遠に発散する分枝の漸近線の傾きは

$$\frac{\pi + 2h\pi}{n - m} \quad (h = 0, \pm 1, \pm 2, \ldots) \tag{12.16}$$

⑥ 無限遠に発散する $n - m$ 本の分枝の漸近線の交点は，$n - m > 1$ のとき

$$\frac{1}{n - m}\left( \sum_{i=1}^{n} p_i - \sum_{k=1}^{m} z_k \right) \tag{12.17}$$

で交わる．

⑦ $n - m > 1$ のとき，$n$ 個の根の重心 $p_0$ は

$$p_0 = \frac{1}{n} \sum_{i=1}^{n} p_i \tag{12.18}$$

⑧ 実軸上の点の右側の実軸上に，極とゼロ点が合わせて奇数個あれば，この点は根軌跡の上

⑨ 根軌跡が実軸から離れる点は

$$\frac{d}{ds}\left( \frac{1}{G_o(s)} \right) = 0 \tag{12.19}$$

で求まる．

## 12.2　根軌跡の描き方

根軌跡を描くときには，これらの性質を参考にして次の手順で行う.

① 一巡伝達関数 $G_0$ を求める

② 一巡伝達関数 $G_0$ の分母の次数 $n$ と分子の次数 $m$ を調べる

③ 無限遠に発散する分枝の本数を確認する（$n-m$ 本）

④ 無限遠に発散する分枝の漸近線の傾きを求める

⑤ 根の重心の位置

$$p_0 = \frac{1}{n} \sum_{i=1}^{n} p_i$$

を求める. $m = 0$ のとき，この点が無限遠に発散する分枝の漸近線の交点となる

⑥ $n - m > 1$ のとき

$$\frac{1}{n-m} \left( \sum_{i=1}^{n} p_i - \sum_{k=1}^{m} z_k \right)$$

から無限遠に発散する分枝の漸近線の交点を求める

⑦ 実軸上の根軌跡を決定する

⑧ 実軸から離れる点と実軸と交わる点を求める

⑨ 実軸上にない極から出る軌跡の角度を求める

⑩ フルビッツやラウスの安定判別法を用いて，軌跡と虚軸の交点を求める

実際に描くときには，図 12.2 を参考にして概略の形を知り，特徴的な $K$ の値を求めるとよい. また，図 10.1 を参考にして，系の応答の変化を把握することができる.

# 第12章 根軌跡法

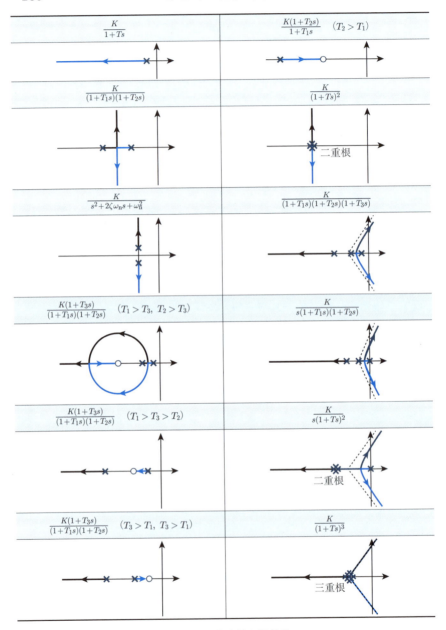

図 12.2 代表的な根軌跡

## 12.2 根軌跡の描き方

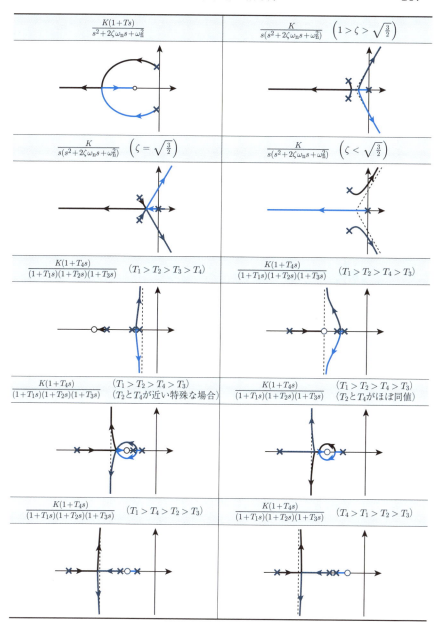

図 12.2 代表的な根軌跡（つづき）

**168**　　　　　　　　第 12 章　根 軌 跡 法

■ **例題 12.1** ■

次の一巡伝達関数を持つユニティーフィードバック系の根軌跡を描け.

$$G_\mathrm{o}(s) = \frac{K}{s(s+2)(s+4)} \tag{a}$$

**【解答】**　特性方程式 $s(s+2)(s+4)=0$ から，極は，$p_1=0$, $p_2=-2$, $p_3=-4$ が求まり，ゼロ点は存在しない．よって，$n=3$, $m=0$ となる.

$n=3$, $m=0$ なので軌跡の本数は 3 本で，それぞれの始点は $(0,0)$, $(-2,0)$, $(-4,0)$ となり，終点はゼロ点がないので存在しない.

根軌跡の性質⑧を使って実軸上の根軌跡の場所を調べる．実部が 0 より右側の点は，その右側に極もゼロ点も存在しないので根軌跡ではない．実部が $(-2,0)$ の範囲の点は，その右側（実部 0 の点）に極が存在しているので根軌跡である．実部が $(-4,-2)$ の範囲の点は，その右側（実部 $-2,0$ の点）に 2 つの極が存在しているので根軌跡でない．実部が $(-\infty,-4)$ の範囲の点は，その右側（実部 $-4,-2,0$ の点）に 3 つの極が存在しているので根軌跡であり，$K$ の増加とともに無限遠に発散する.

根軌跡の性質⑤を使って残り 2 本の漸近線の傾きを求める.

$$\frac{\pi + 2h\pi}{3 - 0} \quad (h=0)$$

より $\pi/3$ が得られる．根軌跡は実軸対称なので，$-\pi/3$ も漸近線の傾きである．漸近線の交点は

$$\frac{1}{n-m}\left(\sum_{i=1}^{n} p_i - \sum_{k=1}^{m} z_k\right) = \frac{1}{3-0}(-6-0)$$
$$= -2$$

となり，点 $(-2,0)$ となる．実軸からの分岐点は，極が重根となる条件

$$\frac{d}{ds}\left(\frac{1}{G_\mathrm{o}(s)}\right) = 0$$

で求まるので，$3s^2 + 12s + 8 = 0$ より，$-2 \pm 2\sqrt{3}/3$ となる.

これらのことより根軌跡は**図 12.3** となる.

## 12.2 根軌跡の描き方

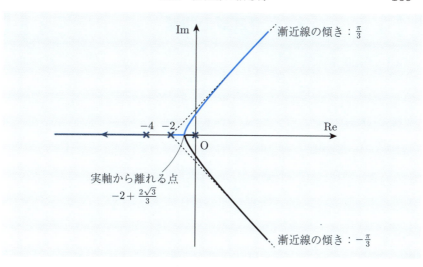

図 12.3　根軌跡

> ● **根軌跡の描画について** ●
>
> 　本書では，根軌跡を描くのに，数値計算ソフトである Scilab を使用した．制御系設計などに良く使われる商用の MATLAB に非常によく似ている，INRIA（フランス国立コンピュータ科学・制御研究所）他で開発されたフリー・オープンソースの数値計算ソフトウェアである．
> 根軌跡を描くには，Scilab をインストールして，起動させ，画面に
>
> ```
> スタートアップを実行中:
>     初期環境をロードしています
> -->
> ```
>
> と表示されたら，以下の3行をそれぞれ入力する．
>
> ```
> -->s=poly(0,'s');
> -->G=syslin('c',(1+3*s)/((1+1*s)*(1+2*s)*(1+4*s)));
> -->evans(G,300)
> ```
>
> 新しいウインドウが開いて根軌跡が描かれる（G は変数なので，好きなものを使えば良い）．詳細は，参考書や多くの web サイトで紹介されている．

## 12章の問題

☐ **12.1** 一巡伝達関数

$$G_o(s) = \frac{K}{(s+1)(0.25s+1)(0.1s+1)}$$

の系の根軌跡を描け．

☐ **12.2** 一巡伝達関数

$$G_o(s) = \frac{K(s+3)}{(s+1)(s+2)(s+4)}$$

の系の根軌跡を描け．

☐ **12.3** 制御対象

$$G_p(s) = \frac{1}{s(s+1)(s+2)}$$

に対し，一次進み要素 $K(1+Ts)$ で制御する場合の根軌跡を描け．ただし

$$T = 2, \frac{2}{3}, \frac{1}{3}$$

として，それらの制御結果の違いについて記せ．

# 第13章

# 過渡応答と
# 制御評価指標

　調節器を設計してフィードバック制御系を構成する
などをすれば，制御系全体の特性は制御対象のみの
場合と比較して変わり，その結果，所望する動作に近
づけることができる．本章では過渡応答をいくつか
の制御評価指標で評価して，制御系の良否を判定す
る．まず，時間領域でモデル化された微分方程式か
ら，伝達関数や周波数伝達関数へと変形して周波数領
域に移り，系の振舞いを左右する極の位置を確認する
ことによって時間応答のモードについて考える．そ
の結果，制御系にある入力を印加した場合の過渡応答
が求められ，制御系の動作を評価することができる．

**172** 第 13 章　過渡応答と制御評価指標

## 13.1　系の過渡応答

系の過渡応答は，入力の種類に応じて以下のように求められる．

- インパルス応答（重み関数 $g(t)$）：入力は単位インパルス関数
- ステップ応答：入力はステップ関数
- ランプ応答：入力はランプ関数

これらの応答は，第 9 章で求め方を学んだが，系の伝達関数を $G(s)$ とすると以下となる．

インパルス応答（重み関数 $g(t)$）：

$$y(t) = \mathcal{L}^{-1}\big\{G(s) \cdot 1\big\} \tag{13.1}$$

ステップ応答：

$$y(t) = \mathcal{L}^{-1}\left\{G(s)\frac{1}{s}\right\} \tag{13.2}$$

ランプ応答：

$$y(t) = \mathcal{L}^{-1}\left\{G(s)\frac{1}{s^2}\right\} \tag{13.3}$$

また，$t \to \infty$ で出力 $y(\infty)$ となる定常値を求めるときには，ラプラス変換の最終値定理が便利である．

---

**ラプラス変換の最終値定理**

時間関数 $f(t)$ の最終値 $f(+\infty)$ をラプラス変換 $F(s)$ から求める方法である．最終値 $f(+\infty)$ が存在することを仮定しているので，発散したり定常的な振動が残らない系，つまり，すべての極が左半平面にある（極の実部が負である）系に適用可能である．系が（漸近）安定であるとき

$$f(+\infty) = \lim_{s \to 0} s\,F(s) \tag{13.4}$$

となる．ただし，系 $G(s)$ が安定でない場合でも何かしらの値が得られるが，まったく意味がないので注意しなければならない．

---

13.1 系の過渡応答 **173**

■ **例題 13.1** ■

一次遅れ系のステップ応答の最終値を求めよ.

**【解答】** 最終値定理を用いて

$$y(\infty) = \lim_{s \to 0} s Y(s)$$

$$= \lim_{s \to 0} s \underbrace{\frac{K}{1+Ts}}_{\text{一次遅れ系}} \cdot \underbrace{\frac{1}{s}}_{\text{ステップ入力}}$$

$$= K \tag{a}$$

となる. ■

─ 評価指標 ─
- **立ち上がり時間**(rise time)$t_r$:応答が最終値の 10% から 90% に達するまでの時間
- **遅れ時間**(delay time)$t_d$:応答が最終値の 50% に達するまでの時間
- **行き過ぎ量**(overshoot)$p_m$:応答が目標値を超えて行き過ぎた量
- **行き過ぎ時間**(peak time)$t_p$:応答が行き過ぎ量を与える時間
- **整定時間**(settling time)$t_s$:応答が ±5% または ±2% の範囲に入る時間(その範囲から再度出ないこと)

図 13.1 のような応答が最終値に収束するまでの過渡応答波形において,系の応答性や定常性を時間領域で評価する指標として,上記のものが代表的に用いられる.これらの値は応答のモード $e^{pt}$ で変化し,つまり系の極 $p$ の大小で決まる.

# 第 13 章 過渡応答と制御評価指標

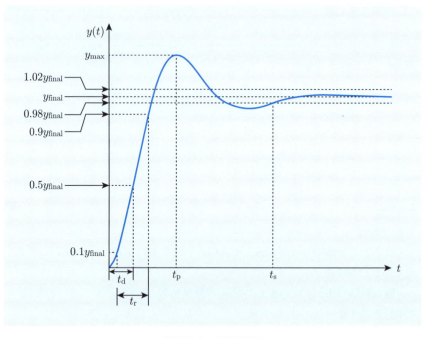

図 13.1 制御指標

---

● **ラプラス変換の初期値定理** ●

時間関数 $f(t)$ の初期値 $f(+0)$ を，ラプラス変換 $F(s)$ から求める方法であり，初期値 $f(+0)$ が存在することを仮定しているので，$t=0$ で不連続とならない系に適用可能である．$f(t)$ が指数位（$|f(t)| < Me^{at}$ となる適当な $M, a$ が存在する）であるとき

$$f(+0) = \lim_{t \to +0} f(t) = \lim_{s \to \infty} s F(s)$$

となる（制御系の重み関数 $g(t)$ は，一般的に指数位である）．

一次遅れ系のインパルス応答，すなわち，重み関数 $g(t)$ の初期値 $g(+0)$ は

$$g(+0) = \lim_{t \to +0} g(t) = \lim_{s \to \infty} s G(s) = \lim_{s \to \infty} s \underbrace{\frac{K}{1+Ts} \cdot 1}_{\text{インパルス応答}} = \frac{K}{T}$$

となる．

## 13.2 一次遅れ系の過渡応答

具体的な例として，DC モータの速度制御を想定して，一次遅れ系を比例制御した場合の過渡応答を考える．

いま，外乱 $D(s)$ がないとして，ステップ応答を考える．調節器の伝達関数を $G_\mathrm{c}(s) = K_\mathrm{c}$，制御対象の伝達関数を $G_\mathrm{p}(s) = K_\mathrm{p}/(1+Ts)$，検出器の伝達関数を $H(s) = 1$（理想的な検出器）とする．制御系の一巡伝達関数 $G_\mathrm{o}(s)$ と閉ループ伝達関数 $W(s)$ は，以下のように求まる．

$$G_\mathrm{o}(s) = G_\mathrm{c}(s)G_\mathrm{p}(s) = \frac{K_\mathrm{c}K_\mathrm{p}}{1+Ts} \tag{13.5}$$

$$W(s) = \frac{G_\mathrm{o}(s)}{1+G_\mathrm{o}(s)} = \frac{\frac{K_\mathrm{c}K_\mathrm{p}}{1+Ts}}{1+\frac{K_\mathrm{c}K_\mathrm{p}}{1+Ts}}$$

$$= \frac{K_\mathrm{c}K_\mathrm{p}}{1+Ts+K_\mathrm{c}K_\mathrm{p}} \tag{13.6}$$

$$= \frac{\frac{K_\mathrm{c}K_\mathrm{p}}{1+K_\mathrm{c}K_\mathrm{p}}}{1+\frac{T}{1+K_\mathrm{c}K_\mathrm{p}}s} = \frac{K^*}{1+T^*s} \tag{13.7}$$

ただし，$K^* = \dfrac{K_\mathrm{c}K_\mathrm{p}}{1+K_\mathrm{c}K_\mathrm{p}} < 1, \ T^* = \dfrac{T}{1+K_\mathrm{c}K_\mathrm{p}} < T.$

上式より，一次遅れ系を比例制御した場合の閉ループ伝達関数も一次遅れ系となるが，その時定数 $T^*$ とゲイン $K^*$ は制御対象のそれらとは異なり，特に時定数は短くなって応答の速応性が改善されることが分かる．これを，ステップ応答を求めて確かめてみよう．制御対象 $G_\mathrm{p}(s)$ と比例制御系 $W(s)$ の両方に，ステップ入力を印加する．

$$y_\mathrm{p}(t) = \mathcal{L}^{-1}\left\{\frac{K_\mathrm{p}}{1+Ts}\frac{1}{s}\right\}$$

$$= \mathcal{L}^{-1}\left\{\frac{K_\mathrm{p}}{T}\frac{1}{s\left(\frac{1}{T}+s\right)}\right\}$$

$$= \frac{K_\mathrm{p}}{T}\frac{1}{\frac{1}{T}}\left(1-e^{-(1/T)t}\right) = K_\mathrm{p}\left(1-e^{-t/T}\right) \tag{13.8}$$

$$y_\mathrm{w}(t) = \mathcal{L}^{-1}\left\{\frac{K^*}{1+T^*s}\frac{1}{s}\right\} = K^*\left(1-e^{-t/T^*}\right) \tag{13.9}$$

**176**　　　第 13 章　過渡応答と制御評価指標

応答が最終値の 10%, 50%, 90%, 95%, 98% のそれぞれに達する時間は，時定数を $\widetilde{T}$ とすると以下のように求まる．

$$y_{\mathrm{p}}(t_{10}) = 1 - e^{-t_{10}/\widetilde{T}} = 0.1 \quad \text{より} \quad t_{10} = 0.105\widetilde{T} \approx 0.1\widetilde{T} \quad (13.10)$$

$$y_{\mathrm{p}}(t_{50}) = 1 - e^{-t_{50}/\widetilde{T}} = 0.5 \quad \text{より} \quad t_{50} = 0.693\widetilde{T} \approx 0.7\widetilde{T} \quad (13.11)$$

$$y_{\mathrm{p}}(t_{90}) = 1 - e^{-t_{90}/\widetilde{T}} = 0.9 \quad \text{より} \quad t_{90} = 2.302\widetilde{T} \approx 2.3\widetilde{T} \quad (13.12)$$

$$y_{\mathrm{p}}(t_{95}) = 1 - e^{-t_{95}/\widetilde{T}} = 0.95 \quad \text{より} \quad t_{95} = 2.996\widetilde{T} \approx 3\widetilde{T} \quad (13.13)$$

$$y_{\mathrm{p}}(t_{98}) = 1 - e^{-t_{98}/\widetilde{T}} = 0.98 \quad \text{より} \quad t_{98} = 3.912\widetilde{T} \approx 4\widetilde{T} \quad (13.14)$$

よって，各評価指標は以下となる．

---

**┌─ 一次遅れ系の評価指標 ─────────────────**

応答性を調べたい一次遅れ系の時定数を $\widetilde{T}$ とすると

- 立ち上がり時間 $t_{\mathrm{r}}$：

$$t_{90} - t_{10} = 2.2\widetilde{T}$$

- 遅れ時間 $t_{\mathrm{d}}$：

$$t_{50} = 0.7\widetilde{T}$$

- 5% 整定時間 $t_{\mathrm{s}}$：

$$t_{95} = 3\widetilde{T}$$

- 2% 整定時間 $t_{\mathrm{s}}$：

$$t_{98} = 4\widetilde{T}$$

- 行き過ぎ量 $p_{\mathrm{m}}$ と行き過ぎ時間 $t_{\mathrm{p}}$ は，行き過ぎないので定義できない

---

一方，ゲイン $K^*$ はどれだけコントローラゲイン $K_{\mathrm{c}}$ を増加させても 1 より小さく，目標値に到達しないことが分かる．最終値 $y_{\mathrm{p}}(\infty)$ と $y_{\mathrm{w}}(\infty)$ は，前述の式を用いても最終値定理を用いても以下となる．

$$\begin{aligned} y_{\mathrm{p}}(\infty) &= K_{\mathrm{p}}\left(1 - e^{-\infty/T}\right) \\ &= K_{\mathrm{p}} \end{aligned} \quad (13.15)$$

$$\begin{aligned} y_{\mathrm{w}}(\infty) &= K^*\left(1 - e^{-\infty/T^*}\right) \\ &= K^* \end{aligned} \quad (13.16)$$

$K^* < 1$ なので，一次遅れ系の制御対象に比例制御を施しても，ステップ応答では目標値と一致することがないことが分かる．

## 13.3 (一次遅れ + 積分) 系の過渡応答

具体的な例として，DC モータを用いて台車を動かす位置制御を想定して，(一次遅れ + 積分) 系を比例制御した場合の過渡応答を考える．いま，外乱 $D(s)$ がないとして，ステップ応答を考える．調節器の伝達関数を $G_c(s) = K_c$，制御対象の伝達関数を $G_p(s) = K_p/\{s(1 + Ts)\}$，検出器の伝達関数を $H(s) = 1$ (理想的な検出器) とする．制御系の一巡伝達関数 $G_o(s)$ と閉ループ伝達関数 $W(s)$ は，以下のように求まる．

$$G_o(s) = G_c(s)G_p(s) = \frac{K_c K_p}{s(1 + Ts)} \tag{13.17}$$

$$W(s) = \frac{G_o(s)}{1 + G_o(s)} = \frac{\frac{K_c K_p}{s(1+Ts)}}{1 + \frac{K_c K_p}{s(1+Ts)}} = \frac{K_c K_p}{Ts^2 + s + K_c K_p} \tag{13.18}$$

上式より，(一次遅れ + 積分) 系を比例制御した場合の閉ループ伝達関数は二次遅れ系となり，コントローラゲイン $K_c$ の大小によっては系の応答が振動的になることが分かる．特性方程式の判別式より

$$1 - 4K_c K_p T < 0 \quad \therefore \quad K_c > \frac{1}{4K_p T} \tag{13.19}$$

上式の範囲のコントローラゲイン $K_c$ では振動的になることがわかる．

次に，振動的な範囲でのステップ応答を求めてみよう．比例制御系 $W(s)$ に，ステップ入力を印加する．

$$
\begin{aligned}
y_w(t) &= \mathcal{L}^{-1} \left\{ \frac{K_c K_p}{Ts^2 + s + K_c K_p} \frac{1}{s} \right\} = \mathcal{L}^{-1} \left\{ \frac{A_0}{s} + \frac{A_1 s + A_2}{Ts^2 + s + K_c K_p} \right\} \\
&= \mathcal{L}^{-1} \left\{ \frac{1}{s} - \frac{Ts + 1}{Ts^2 + s + K_c K_p} \right\} \\
&= \mathcal{L}^{-1} \left\{ \frac{1}{s} - \frac{s + \frac{1}{2T}}{\left(s + \frac{1}{2T}\right)^2 + \frac{4TK_c K_p - 1}{4T^2}} - \frac{\frac{1}{2T}}{\left(s + \frac{1}{2T}\right)^2 + \frac{4TK_c K_p - 1}{4T^2}} \right\} \\
&= 1 - e^{-t/2T} \cos\left( \frac{\sqrt{4TK_c K_p - 1}}{2T} t \right) \\
&\quad - \frac{1}{\sqrt{4TK_c K_p - 1}} e^{-t/2T} \sin\left( \frac{\sqrt{4TK_c K_p - 1}}{2T} t \right)
\end{aligned}
$$

$$= 1 - \frac{2\sqrt{TK_cK_p}}{\sqrt{4TK_cK_p-1}}\, e^{-t/2T} \sin\left(\frac{\sqrt{4TK_cK_p-1}}{2T}\, t + \phi\right)$$
$$\tag{13.20}$$

$$\phi = \tan^{-1}\sqrt{4TK_cK_p-1} \tag{13.21}$$

以下，過渡応答の評価を概算してみる．

応答が最終値 95%，98% のそれぞれに達する時間は，時定数を $T$ として以下のように求まる．

$$y_p(t_{95}) = 1 - e^{-t_{95}/2T} > 0.95 \quad \text{より} \quad t_{95} > 5.991T \approx 6T \tag{13.22}$$

$$y_p(t_{98}) = 1 - e^{-t_{98}/2T} > 0.98 \quad \text{より} \quad t_{98} > 7.824T \approx 8T \tag{13.23}$$

整定時間は制御対象の時定数 $T$ で決まり，コントローラゲイン $K_c$ をいくら変化させても改善されないことが分かる．また，行き過ぎ時間 $t_p$ と行き過ぎ量 $p_m$ は，次のように概算される．

行き過ぎ時間 $t_p$ は

$$\sin\left(\frac{\sqrt{4TK_cK_p-1}}{2T}\, t + \tan^{-1}\sqrt{4TK_cK_p-1}\right) = -1$$

となる時刻と考えられるので

$$\frac{\sqrt{4TK_cK_p-1}}{2T}\, t_p + \tan^{-1}\sqrt{4TK_cK_p-1} = \frac{3}{2\pi} \tag{13.24}$$

いま，コントローラゲイン $K_c$ が十分大きいと考えると

$$\sqrt{4TK_cK_p-1} \approx \infty$$

となり

$$\tan^{-1}\sqrt{4TK_cK_p-1} \approx \frac{\pi}{2} \tag{13.25}$$

よって

$$\frac{\sqrt{4TK_cK_p-1}}{2T}\, t_p = \pi$$

$$\therefore \quad t_p = \frac{2T\pi}{\sqrt{4TK_cK_p-1}}$$

となる．このとき行き過ぎ量 $p_m$ は

$$\sin\left(\frac{\sqrt{4TK_{\mathrm{c}}K_{\mathrm{p}}-1}}{2T}\,t+\tan^{-1}\sqrt{4TK_{\mathrm{c}}K_{\mathrm{p}}-1}\right)=-1$$

と考えて

$$
\begin{aligned}
p_{\mathrm{m}} &= \frac{2\sqrt{TK_{\mathrm{c}}K_{\mathrm{p}}}}{\sqrt{4TK_{\mathrm{c}}K_{\mathrm{p}}-1}}\,e^{-t_{\mathrm{p}}/2T}\\
&= \underbrace{\frac{2\sqrt{TK_{\mathrm{c}}K_{\mathrm{p}}}}{\sqrt{4TK_{\mathrm{c}}K_{\mathrm{p}}-1}}}_{\approx 1}\,e^{-(2T\pi/\sqrt{4TK_{\mathrm{c}}K_{\mathrm{p}}-1})/2T}\\
&= e^{-\pi/\sqrt{4TK_{\mathrm{c}}K_{\mathrm{p}}-1}}
\end{aligned}
\tag{13.26}
$$

よって，各評価指標は以下となる．

---

**— (一次遅れ + 積分) 系の比例制御時の評価指標（概算）——**

　制御対象の一次遅れ系の時定数を $T$ とし，コントローラゲインを $K_{\mathrm{c}}$ とすると

- 5% 整定時間 $t_{\mathrm{s}}$：

$$t_{95} = 6T$$

- 2% 整定時間 $t_{\mathrm{s}}$：

$$t_{98} = 8T$$

- 行き過ぎ時間 $t_{\mathrm{p}}$：

$$\frac{2T\pi}{\sqrt{4TK_{\mathrm{c}}K_{\mathrm{p}}-1}}$$

- 行き過ぎ量 $p_{\mathrm{m}}$：

$$e^{-\pi/\sqrt{4TK_{\mathrm{c}}K_{\mathrm{p}}-1}}$$

- コントローラゲイン $K_{\mathrm{c}}$ を変化させても整定時間は改善されない
- コントローラゲイン $K_{\mathrm{c}}$ を増加させると行き過ぎ時間 $t_{\mathrm{p}}$ は短くなり，行き過ぎ量 $p_{\mathrm{m}}$ は増加する
- 制御量は目標値に一致して，定常偏差は生じない

---

　整定時間 $t_{\mathrm{s}}$ を改善したい場合には，調節器の形を変更する必要がある．また，目標値が時間とともに変化する場合の評価には，ランプ入力 $R(s)=1/s^2$ を用いてランプ応答を求めると良い．

## 13章の問題

- **13.1** 例題 11.1 と例題 11.2 で設計した系について，それぞれの応答を指標を用いて評価しなさい．

- **13.2** 第 11 章の章末問題 11.1, 11.2 で設計した系について，その応答を指標を用いて評価しなさい．

- **13.3** 振動的な二次遅れ系を一次進み要素の直列結合で補償する効果について，図 12.2 を参照して，制御評価の観点で述べなさい．

- **13.4** 制御対象が一次遅れ系，調節器が比例ゲイン $K_c$ の比例要素を用いた検出器

$$H(s) = 1$$

のユニティーフィードバック系について，比例ゲイン $K_c$ と最終値との関係を調べよ．また，検出器 $H(s)$ が一次遅れ系の場合についても調べよ．

- **13.5** 時定数 $T_1$ とする一次遅れ系と，時定数 $T_1 > T_2$ とする二次遅れ系のステップ応答について比較し，実部の絶対値が小さい極（代表極）が応答に大きな影響を与えていることを示せ．

# 第14章
# 古典制御理論から現代制御理論へ

　これまでは，1つの目標値に対して1つの制御量が制御される「一入力一出力系」を扱ってきたが，ロケットや工業用ロボットなど，さらに高度な制御を必要とする場合には，「多入力多出力系」として制御系を扱う必要がある．本章では，「一入力一出力系」を扱う古典制御理論から「多入力多出力系」を扱う現代制御理論への移行の準備を行う．

## 14.1 古典制御理論と現代制御理論との比較

古典制御理論ではフィードバック制御系の最適化を図るために，一入力一出力のシステムを周波数 ($s$) 領域で考えてきた．一方，**現代制御理論**では，制御系の動特性を**状態方程式**（state equation）（あるいは**システム方程式**）と呼ばれる $n$ 元連立一次微分方程式で示し，時間領域で定義される評価関数を最小とする意味で最適な応答を与える調節条件を求め，制御系を構成することを目的としている．以下では制御対象は線形システムを取り扱うものとし，システムに非線形要素がある場合には適当な動作点周りで線形化するものとする．現代制御理論では一般的に多入力多出力系を取り扱うが，これまで学修してきた内容との関連を保つために，一入力一出力系の対応に注意してほしい．また，本章では現代制御理論の中の数ある最適設計手法の中で最も基本的な最適レギュレータを取り上げるが，「現代制御理論」と名付けられた多くの教科書や専門書に目を通せば，最適レギュレータだけでなく「ロバスト制御」，「$H_2$ 制御」，「$H_\infty$ 制御」など多くの制御方法が解説されているので，参考にしてほしい．

本章では，微分方程式と伝達関数と状態方程式（システム方程式）との関連付けを最初に行う．さらに，行列表示になっている系から伝達関数を推測することによって，伝達関数から求まる極の複素平面上での位置と時間応答との関係を利用できる．これによって，行列表示の系の時間応答を推測して系の特性を把握するものとする．数理工学的な説明なしに，現代制御理論で何を目的としているのかを理解することが本章の目的である．

### 14.1.1 状態方程式による系のモデル化

古典制御理論と現代制御理論での，系のモデル化を比較する．一般的に系の特性が次の微分方程式で与えられているとする（簡単のために，現在の入力 $u(t)$ のみを考える）．

$$\frac{d^n y(t)}{dt^n} + a_1 \frac{d^{n-1} y(t)}{dt^{n-1}} + \cdots + a_{n-1} \frac{dy(t)}{dt} + a_n y(t) = u(t) \qquad (14.1)$$

古典制御理論では，両辺をラプラス変換してすべての初期値を 0 とし

$$G(s) = \frac{Y(s)}{U(s)}$$

## 14.1 古典制御理論と現代制御理論との比較 **183**

の形に整理して

$$G(s) = \underbrace{\frac{b_0}{a_0 s^n + a_1 s^{n-1} + \cdots + a_{n-1} s + a_n}}_{\text{多項式表示}} \tag{14.2}$$

$$= \underbrace{\frac{b_0}{a_0(s - p_1)(s - p_2) \cdots (s - p_{n-1})(s - p_n)}}_{\text{極ゼロ表示}} \tag{14.3}$$

$$= \frac{1}{a_0}\underbrace{\left( \frac{A_1}{s - p_1} + \frac{A_2}{s - p_2} + \cdots + \frac{A_{n-1}}{s - p_{n-1}} + \frac{A_n}{s - p_n} \right)}_{\text{部分分数展開表示}} \tag{14.4}$$

と表した．一方，現代制御理論では，系の内部状態を表現する**状態変数**（state variable）$\boldsymbol{x}(t)$ を定義し，その特性を表現する．微分方程式を

$$\frac{d^n y(t)}{dt^n} = -a_1 \frac{d^{n-1} y(t)}{dt^{n-1}} - a_2 \frac{d^{n-2} y(t)}{dt^{n-2}} - \cdots$$
$$- a_{n-1} \frac{dy(t)}{dt} - a_n y(t) + u(t) \tag{14.5}$$

のように変形し，（簡単のために）状態変数を**相変数**（phase variable）（変位 $x(t)$ を $x_1(t)$ とすると，速度 $\dot{x}(t) = \dot{x}_1(t)$ を $x_2(t)$，加速度 $\ddot{x}(t)$ を $\dot{x}_2(t)$ とするような変数）として

$$\begin{cases} \boldsymbol{x}(t) = \left( \begin{array}{ccccc} x_1(t) & x_2(t) & x_3(t) & \cdots & x_n(t) \end{array} \right)^{\mathrm{T}} \\ \dot{x}_1(t) = x_2(t), \dot{x}_2(t) = x_3(t), \cdots \end{cases} \tag{14.6}$$

のように選ぶと，次のように変形される．

$$\frac{d^n y(t)}{dt^n} = -a_n y(t) - a_{n-1} \frac{dy(t)}{dt} - \cdots$$
$$- a_2 \frac{d^{n-2} y(t)}{dt^{n-2}} - a_1 \frac{d^{n-1} y(t)}{dt^{n-1}} + u(t)$$

いま，変数 $y(t)$ の代わりに $x(t)$ を使って

$$\frac{d^n x(t)}{dt^n} = -a_n x(t) - a_{n-1} \frac{dx(t)}{dt} - \cdots$$
$$- a_2 \frac{d^{n-2} x(t)}{dt^{n-2}} - a_1 \frac{d^{n-1} x(t)}{dt^{n-1}} + u(t) \tag{14.7}$$
$$\dot{x}_n(t) = -a_n x_1(t) - a_{n-1} x_2(t) - \cdots$$
$$- a_2 x_{n-1}(t) - a_1 x_n(t) + u(t) \tag{14.8}$$

**184**　　第 14 章　古典制御理論から現代制御理論へ

これを行列形式で書き改めると，次式となる．

$$
\begin{pmatrix} \dot{x}_1 \\ \dot{x}_2 \\ \dot{x}_3 \\ \vdots \\ \dot{x}_n \end{pmatrix} = \begin{pmatrix} 0 & 1 & 0 & \cdots & 0 \\ 0 & 0 & 1 & \cdots & 0 \\ 0 & 0 & 0 & \cdots & 0 \\ \vdots & \vdots & \vdots & \ddots & \vdots \\ -a_n & -a_{n-1} & -a_{n-2} & \cdots & -a_1 \end{pmatrix} \begin{pmatrix} x_1 \\ x_2 \\ x_3 \\ \vdots \\ x_n \end{pmatrix} + \begin{pmatrix} 0 \\ 0 \\ 0 \\ \vdots \\ 1 \end{pmatrix} u(t)
\tag{14.9}
$$

また，伝達関数 $G(s)$ にゼロ点が含まれるような系，つまり

$$
\frac{d^n y(t)}{dt^n} + a_1 \frac{d^{n-1} y(t)}{dt^{n-1}} + \cdots + a_{n-1} \frac{dy(t)}{dt} + a_n y(t)
$$
$$
= b_0 \frac{d^m u(t)}{dt^m} + b_1 \frac{d^{m-1} u(t)}{dt^{m-1}} + \cdots + b_{m-1} \frac{du(t)}{dt} + b_m u(t)
\tag{14.10}
$$

の場合には，伝達関数 $G(s)$ を以下のように考えて，状態方程式を導く．

$$
G(s) = \frac{Y(s)}{U(s)} = \frac{X(s)}{U(s)} \frac{Y(s)}{X(s)}
$$
$$
= \underbrace{\frac{1}{s^n + a_1 s^{n-1} + \cdots + a_{n-1} s + a_n}}_{X(s)/U(s)}
$$
$$
\times \underbrace{\frac{b_0 s^m + b_1 s^{m-1} + \cdots + b_{m-1} s + b_m}{1}}_{Y(s)/X(s)}
\tag{14.11}
$$

つまり，入力 $u(t)$ により系の内部の状態変数 $\boldsymbol{x}(t)$ が変化し，その状態変数 $\boldsymbol{x}(t)$ により出力 $y(t)$ が得られると考え，次のように 1 組の微分方程式を考える．

$$
\begin{cases}
\dfrac{d^n x(t)}{dt^n} + a_1 \dfrac{d^{n-1} x(t)}{dt^{n-1}} + \cdots + a_{n-1} \dfrac{dx(t)}{dt} + a_n x(t) = u(t) \\
y(t) = b_0 \dfrac{d^m x(t)}{dt^m} + b_1 \dfrac{d^{m-1} x(t)}{dt^{m-1}} + \cdots + b_{m-1} \dfrac{dx(t)}{dt} + b_m x(t)
\end{cases}
\tag{14.12}
$$

これらを相変数を用いて書き改めると

## 14.1 古典制御理論と現代制御理論との比較

$$
\begin{cases}
\dot{x}_n(t) = -a_n x_1(t) - a_{n-1} x_2(t) - \cdots - a_2 x_{n-1}(t) - a_1 x_n(t) + u(t) \\
y(t) = b_m x_1(t) + b_{m-1} x_2(t) + \cdots + b_1 x_{m-1}(t) + b_0 x_m(t)
\end{cases}
\tag{14.13}
$$

となり，行列形式で書き改めると次式となる．

$$
\begin{cases}
\begin{pmatrix} \dot{x}_1 \\ \dot{x}_2 \\ \dot{x}_3 \\ \vdots \\ \dot{x}_n \end{pmatrix}
=
\begin{pmatrix}
0 & 1 & 0 & \cdots & 0 \\
0 & 0 & 1 & \cdots & 0 \\
0 & 0 & 0 & \cdots & 0 \\
\vdots & \vdots & \vdots & \ddots & \vdots \\
-a_n & -a_{n-1} & -a_{n-2} & \cdots & -a_1
\end{pmatrix}
\begin{pmatrix} x_1 \\ x_2 \\ x_3 \\ \vdots \\ x_n \end{pmatrix}
+
\begin{pmatrix} 0 \\ 0 \\ 0 \\ \vdots \\ 1 \end{pmatrix} u(t) \\[3em]
y(t) = \begin{pmatrix} b_m & b_{m-1} & \cdots & b_0 & 0 & \cdots & 0 \end{pmatrix}
\begin{pmatrix} x_1 \\ x_2 \\ x_3 \\ \vdots \\ x_n \end{pmatrix}
\end{cases}
\tag{14.14}
$$

一般には，係数行列を使って以下のように表す．

$$
\begin{cases}
\dot{\boldsymbol{x}}(t) = A\boldsymbol{x}(t) + Bu(t) \\
y(t) = C\boldsymbol{x}(t)
\end{cases}
\tag{14.15}
$$

$$
\begin{cases}
\boldsymbol{x}(t) = \begin{pmatrix} x_1 & x_2 & x_3 & \cdots & x_n \end{pmatrix}^{\mathrm{T}} & (n \times 1), \\[1em]
A = \begin{pmatrix}
0 & 1 & 0 & \cdots & 0 \\
0 & 0 & 1 & \cdots & 0 \\
0 & 0 & 0 & \cdots & 0 \\
\vdots & \vdots & \vdots & \ddots & \vdots \\
-a_n & -a_{n-1} & -a_{n-2} & \cdots & -a_1
\end{pmatrix} & (n \times n), \\[3em]
B = \begin{pmatrix} 0 & 0 & \cdots & 0 & 1 \end{pmatrix}^{\mathrm{T}} & (n \times 1), \\[1em]
C = \begin{pmatrix} b_m & b_{m-1} & \cdots & b_0 & 0 & \cdots & 0 \end{pmatrix} & (1 \times n)
\end{cases}
\tag{14.16}
$$

### 例題 14.1

次の図で示される系について、変位入力 $u(t)$ に対する出力変位 $y(t)$ の関係を，状態方程式で示せ．

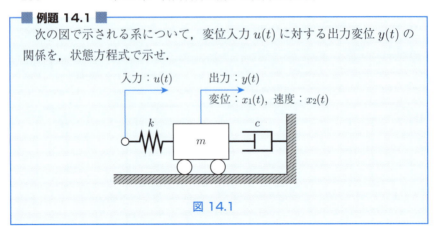

図 14.1

【解答】 振動系の運動方程式は，変位を $x_1$ で表すと次式となる．

$$m\ddot{x}_1 = -k(x_1 - u) - c\dot{x}_1 \tag{a}$$

ここで，$\dot{x}_1 = x_2$ の関係を使って書き直すと

$$m\dot{x}_2 = -k(x_1 - u) - cx_2 \tag{b}$$

となり，$m$ で除して整理すると

$$\dot{x}_2 = -\frac{k}{m}x_1 - \frac{c}{m}x_2 + \frac{k}{m}u \tag{c}$$

となる．よって，状態方程式と出力方程式は，状態変数 $x_1, x_2$ を用いて次のように書ける．

$$\begin{cases} \begin{pmatrix} \dot{x}_1 \\ \dot{x}_2 \end{pmatrix} = \begin{pmatrix} 0 & 1 \\ -\dfrac{k}{m} & -\dfrac{c}{m} \end{pmatrix} \begin{pmatrix} x_1 \\ x_2 \end{pmatrix} + \begin{pmatrix} 0 \\ \dfrac{k}{m} \end{pmatrix} u(t) \\ y(t) = \begin{pmatrix} 1 & 0 \end{pmatrix} \begin{pmatrix} x_1 \\ x_2 \end{pmatrix} \end{cases} \tag{d}$$

### 14.1.2 フィードバック制御系構成の流れ

フィードバック制御の目的とは，一言で表現すれば，「制御量を目標値に一致させるように操作量を変更する」ことであり，一般的な記号を用いたブロック線図でいえば，「$Y(s) \to R(s)$, または $E(s) = R(s) - Y(s) \to 0$ とすること」

といえる.

フィードバック制御系の設計の流れを整理すると

> ① 系の特性を把握し,
> ② 安定性に気をつけて,
> ③ 制御性が良くなるように調節器 $G_c(s)$ を変更する

ことになる.言い換えると

> ① 制御系の各要素(あるいは全体)の振舞いが(入力と出力の関係として)分かっていて,
> ② 制御量が目標値に近づくように動作させることができるとき,
> ③ 制御結果や制御過程の評価が満足できるように調節器 $G_c(s)$ を作り上げる

こととなる.

このとき,制御対象 $G_p(s)$ は与えられたものであり,一般的にはそのパラメータを変更することは不可能であるため,調節器 $G_c(s)$ の特性(極やゼロ点の数)やコントローラゲインの変更により伝達関数 $G_c(s)$ を変更する.図 14.2 に示す各要素が求まったので,閉ループ伝達関数 $W(s)$ を大きな 1 つの系として考え,与えられた目標値 $R(s)$ に対して希望する応答(制御量)$Y(s)$ が得られるようにする.すなわち,制御量 $Y(s)$ が目標値 $R(s)$ に一致するように動作する系を,調節器 $G_c(s)$ を変更しながら作り上げる.

このように考えるとき,制御系の構成とは

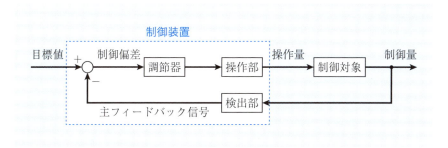

図 14.2 一般的なフィードバック制御系のブロック線図

188  第 14 章  古典制御理論から現代制御理論へ

① 系の特性をつかみ,
② 安定性を確保しつつ,
③ 制御性を高めること

に要約できる. これは古典制御理論, 現代制御理論に関わらず同一の考え方である. ただ, 現代制御理論では一般的に多入力多出力系を扱うことを前提としていることが, 一入力一出力系を扱う古典制御理論と異なる.

### 14.1.3 フィードバック制御系構成の対比

制御系の構成手法をその流れに沿って描くと図 14.3 のようになる. 中央部の流れと左の古典制御理論, 右の現代制御理論を対比することにより, 同じ流れで制御系を構成しつつ, ただその理論展開や利用する数学的手法が異なるだけであることを理解してほしい. また, 一般的に用いられる数式表現を用いると図 14.4 のように対比することができる.

このようにして対比すると, 現代制御理論での理論展開の裏には数学的背景が強く, 「すっきりしているが実感がつかみにくい」という印象を受けるかもしれない. 確かに, 最適解を与えるゲイン係数行列 $K$ を求める過程を説明するには, 変分法やオイラー方程式などの知識が必要である. しかし, ゲイン係数行列 $K$ を求める過程は, 正の係数を持つ 2 次形式の評価関数 $J$ が最小値をとるために必要な条件に従っている. つまり, 簡単な正係数の 2 次関数の極小値を求めるのと同じ流れ (2 次関数の 1 階微分が 0 となり, 2 階微分が正となること) なのである. このように, 複雑な理論展開や高度な数学的知識を必要とする理論展開も, 身近で簡単な問題と考え方を同じにしているものが多いので, 「理論の展開」を追って読み進んでほしい.

入門例としては, 最適解を与えるいくつもの解法の中で, 最も有名で基本的な手法である「最適レギュレータ問題」を取り上げることが多い. その中にも, 「無限時間最適レギュレータ問題」や「有限時間最適レギュレータ問題」があり, その解法は若干異なる. これらの問題の違いは, 評価関数の積分範囲を 0 から $\infty$ とするか 0 から $t_{\text{end}} \neq \infty$ とするかの違いである. すなわち制御終了まで無限時間かかっても良いか, それとも有限な終了時刻 $t_{\text{end}}$ までに制御を終了させねばならないかの違いであり, 最適解を求める考え方には大きな違いはない.

## 14.1 古典制御理論と現代制御理論との比較

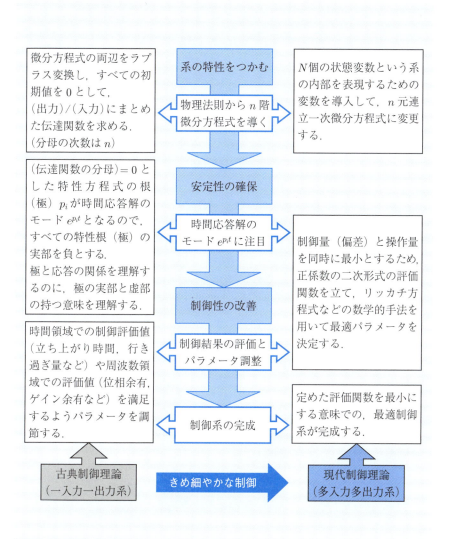

図 14.3 制御系設計の流れの比較

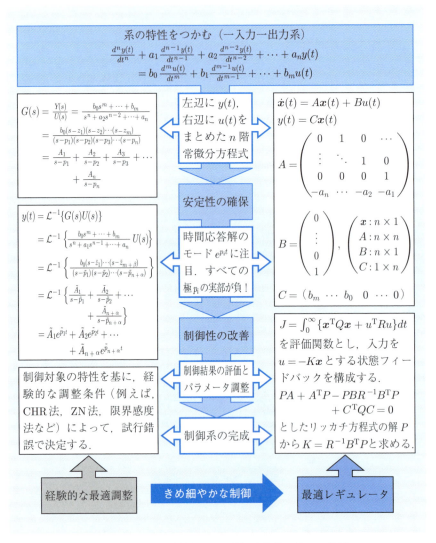

図 14.4　数式の対比でみる制御系設計の流れの比較

## 14.2 最適レギュレータ問題

最適レギュレータ（optimal regulator）問題は

① ［系の特性をつかみ］　⇒ 微分方程式から状態方程式を導き，
② ［安定性を確保しつつ］⇒ $u(t) = -K\boldsymbol{x}(t)$ の状態フィードバックを構成し，
③ ［制御性を高めること］⇒ 評価関数 $J$ を立て，その重み係数行列 $Q$ と $R$ を用いてリッカチ（Riccati）方程式を立て，その解行列 $P$ を用いてゲイン係数行列 $K$ を求める．

という手順で解くことができる．

**評価関数**（evaluation function, performance function）$J$ は次式で示され

$$J = \int_0^{t_\mathrm{f}} \left( \boldsymbol{x}^\mathrm{T} Q \boldsymbol{x} + R u^2(t) \right) dt \tag{14.17}$$

その重み係数行列 $Q$ と $R$ を用いた（一入力一出力系の）リッカチ方程式

$$A^\mathrm{T} P + PA - PBR^{-1}B^\mathrm{T} P + Q = \mathbf{0} \tag{14.18}$$

の解を $P$ として，係数行列 $K$ を求め

$$K = -R^{-1}B^\mathrm{T} P \tag{14.19}$$

操作量（入力）$u(t)$ を

$$u(t) = -K\boldsymbol{x} \tag{14.20}$$

と定める．その結果，どのようなことが制御系に起きるのかを考えてみる．

操作量（入力）$u(t)$ を $u(t) = -K\boldsymbol{x}$ で定義するような状態フィードバック制御系のブロック線図は，図 14.5 のようになる．古典制御理論で一般的に描かれるフィードバック制御系と比較して調節器の位置が若干異なるが，目標値に制御量を一致させようとする動作には何ら違いはない．また，目標値 $v(t)$ が常に 0 となるような定式化（モデル化）がなされていることにも注意が必要である．こうすることによって，操作量（入力）を $u(t) = -K\boldsymbol{x}(t)$ で定義する状態フィードバック制御系が構成できる．それは，先のブロック線図内の信号の流

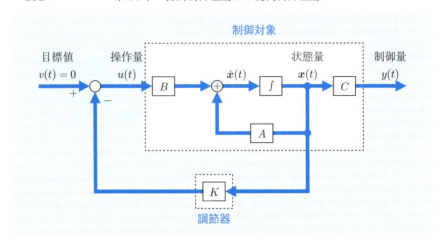

図 14.5　状態フィードバック制御系

れを整理することによって，次のように説明できる．

状態フィードバック系の信号 $\dot{\boldsymbol{x}}(t)$ に注目すると，$\dot{\boldsymbol{x}}(t)$ の直前の加算点に入る 2 信号により

$$\dot{\boldsymbol{x}}(t) = A\boldsymbol{x}(t) + Bu(t) \tag{14.21}$$

と示されることが分かる．これは，制御対象をモデル化した状態方程式そのものである．操作量 $u(t)$ がその直前の加算点に入ってくる 2 入力（目標値 $v(t)$ と，状態変数 $\boldsymbol{x}(t)$ とゲイン係数行列 $K = \begin{pmatrix} k_n & k_{n-1} & k_{n-2} & \cdots & k_1 \end{pmatrix}$ との積）により

$$u(t) = v(t) - K\boldsymbol{x}(t) \tag{14.22}$$

で示されるが，目標値 $v(t)$ が常に 0 となる定式化（$v(t) = 0$）に留意すると

$$u(t) = v(t) - K\boldsymbol{x}(t) = 0 - K\boldsymbol{x}(t) = -K\boldsymbol{x}(t) \tag{14.23}$$

となっていることが分かる．すなわち，操作量（入力）を $u(t) = -K\boldsymbol{x}(t)$ で定義するような状態フィードバック制御系が構成されていることが分かる．

さて，上の 2 式から状態フィードバック系の閉ループ特性を求めると

$$\begin{aligned}\dot{\boldsymbol{x}}(t) &= A\boldsymbol{x}(t) + Bu(t) = A\boldsymbol{x}(t) + B\bigl(v(t) - K\boldsymbol{x}(t)\bigr) \\ &= (A - BK)\boldsymbol{x}(t) + Bv(t) \end{aligned} \tag{14.24}$$

## 14.2 最適レギュレータ問題

となって，状態変数を $\boldsymbol{x}(t)$，状態変数に係る係数行列を $A - BK$，入力を $v(t)$ とする新たな系が構成されていることが分かる．つまり，元の制御対象の状態方程式が

$$\begin{cases} \dot{\boldsymbol{x}}(t) = A\boldsymbol{x}(t) + Bu(t) \\ y(t) = C\boldsymbol{x}(t) \end{cases} \tag{14.25}$$

で表されるが，これに状態フィードバックを施すことによって制御系の状態方程式は

$$\begin{cases} \dot{\boldsymbol{x}}(t) = (A - BK)\boldsymbol{x}(t) + Bv(t) \\ y(t) = C\boldsymbol{x}(t) \end{cases} \tag{14.26}$$

に変更されたとみることができる．上式に各行列を代入してみると，状態フィードバック後の状態方程式は

$$\dot{\boldsymbol{x}}(t) = (A - BK)\boldsymbol{x}(t) + Bv(t)$$

$$= \begin{pmatrix} 0 & 1 & \cdots & 0 \\ 0 & 0 & \cdots & 0 \\ 0 & 0 & \cdots & 0 \\ \vdots & \vdots & \ddots & \vdots \\ 0 & 0 & \cdots & 1 \\ -(a_n + k_n) & -(a_{n-1} + k_{n-1}) & \cdots & -(a_1 + k_1) \end{pmatrix} \boldsymbol{x}(t) + Bv(t) \tag{14.27}$$

$$y(t) = C\boldsymbol{x}(t) \tag{14.28}$$

となる．これらの状態方程式より推測される一入力一出力系の閉ループ伝達関数 $W^*(s)$ は

$$W^*(s) = \frac{b_0 s^m + b_1 s^{m-1} + \cdots + b_m}{s^n + (a_1 + k_1)s^{n-1} + (a_2 + k_2)s^{n-2} + \cdots + (a_n + k_n)} \tag{14.29}$$

**194**　　第 14 章　古典制御理論から現代制御理論へ

となり，制御系の動特性を決定する特性方程式（すなわち，伝達関数の分母 $= 0$ で与えられる式）

$$s^n + (a_1 + k_1)s^{n-1} + (a_2 + k_2)s^{n-2} + \cdots + (a_n + k_n) = 0 \quad (14.30)$$

の係数が変化することが分かる．つまり，このことによって系の特性根（特性方程式の解）である極が元の位置から移動し，最も好ましい応答を与える位置に配置されることになる．この考え方を**極配置**（pole assignment）と呼び，古典制御理論で学修したように，制御系の極 $p_i$ と時間応答との間に，モード $e^{p_i t}$ を介して密接な関係があることを背景にしている．

このように，最適レギュレータ問題では解法そのものは数学的でその背景まで理解するのは一苦労であるが

- 与えられた評価関数を最小にするという意味で
- 最適な応答を実現するための「最適な極の位置」を見出し，
- 制御系の極がその「最適な極の位置」と一致するように調節器であるゲイン係数行列を決定する．

という流れを理解するのは難しくない．

---

**■ 例題 14.2 ■**

例題 14.1 のシステムにおいて

$$m = 1 \text{ [kg]}, \quad c = 1 \text{ [N·s/m]}, \quad k = 10 \text{ [N/m]}$$

とするとき，以下の条件で最適なフィードバックゲイン $K$ を求めよ．

$$Q = \begin{pmatrix} 6 & 0 \\ 0 & 1 \end{pmatrix}, \quad R = 1 \quad\quad \text{(a)}$$

---

**【解答】**　システムの状態方程式と出力方程式は

$$\begin{cases} \begin{pmatrix} \dot{x}_1 \\ \dot{x}_2 \end{pmatrix} = \begin{pmatrix} 0 & 1 \\ -\dfrac{k}{m} & -\dfrac{c}{m} \end{pmatrix} \begin{pmatrix} x_1 \\ x_2 \end{pmatrix} + \begin{pmatrix} 0 \\ \dfrac{k}{m} \end{pmatrix} u(t) \\[2em] y(t) = \begin{pmatrix} 1 & 0 \end{pmatrix} \begin{pmatrix} x_1 \\ x_2 \end{pmatrix} \end{cases} \quad\quad \text{(b)}$$

であったので，与条件を代入すると

$$A = \begin{pmatrix} 0 & 1 \\ -10 & -1 \end{pmatrix}, \quad B = \begin{pmatrix} 0 \\ 10 \end{pmatrix},$$

$$C = \begin{pmatrix} 1 & 0 \end{pmatrix} \tag{c}$$

となる．よって，重み係数行列 $Q$ と $R$ を用いたリッカチ方程式

$$A^{\mathrm{T}}P + PA - PBR^{-1}B^{\mathrm{T}}P + Q = \mathbf{0} \tag{d}$$

の解を

$$P = \begin{pmatrix} p_{11} & p_{12} \\ p_{21}\,(=p_{12}) & p_{22} \end{pmatrix} = P^{\mathrm{T}} \tag{e}$$

とすると，次の連立方程式が得られる．

$$\begin{cases} -100p_{12}^2 - 20p_{12} + 6 = 0 \\ -100p_{12}p_{22} - 10p_{22} - p_{12} + p_{11} = 0 \\ -100p_{22}^2 - 2p_{22} + 2p_{12} + 1 = 0 \end{cases} \tag{f}$$

これらを解くと，行列 $P$ が次のように求まる．

$$P = \begin{pmatrix} \dfrac{\sqrt{7}\sqrt{10\sqrt{7}+91}-1}{10} & \dfrac{\sqrt{7}-1}{10} \\ \dfrac{\sqrt{7}-1}{10} & \dfrac{\sqrt{10\sqrt{7}+91}-1}{100} \end{pmatrix} \tag{g}$$

よって，係数行列 $K$ は，次式となる．

$$K = -R^{-1}B^{\mathrm{T}}P$$

$$= -\begin{pmatrix} \sqrt{7}-1 & \dfrac{\sqrt{10\sqrt{7}+91}-1}{10} \end{pmatrix} \tag{h}$$

## 14章の問題

**14.1** 式 (14.16) を参考にして，次の伝達関数で表される系を状態方程式と出力方程式で表せ．
(1) $G(s) = \dfrac{1}{s^2 + 2\zeta\omega_n + \omega_n^2}$
(2) $G(s) = \dfrac{s+3}{(s+1)(s+2)(s+4)}$

**14.2** 例題 14.2 において
$$Q = \begin{pmatrix} 1 & 0 \\ 0 & 6 \end{pmatrix}, \quad R = 1$$
としたときの，最適なフィードバックゲイン $K$ を求めよ．

**14.3** 係数行列を
$$A = \begin{pmatrix} 0 & 1 \\ 0 & 0 \end{pmatrix}, \quad B = \begin{pmatrix} 0 \\ 1 \end{pmatrix},$$
$$Q = \begin{pmatrix} 1 & 0 \\ 0 & q \end{pmatrix}, \quad R = r$$
として，最適レギュレータによりフィードバックゲイン $K$ を求めよ．

**14.4** 係数行列を
$$A = \begin{pmatrix} 0 & 1 \\ -a_2 & -a_1 \end{pmatrix}, \quad B = \begin{pmatrix} 0 \\ b \end{pmatrix},$$
$$Q = \begin{pmatrix} 1 & 0 \\ 0 & q \end{pmatrix}, \qquad R = r$$
として，最適レギュレータによりフィードバックゲイン $K$ を求めよ．

# 第15章
# 古典制御理論と現代制御理論との対応

　前章では，古典制御理論と現代制御理論での制御系構成の比較を行ってきた．結果として，構成し調節した制御系の極の位置が応答を決定づけていることについては，両理論では違いがない．現代制御理論では「きめ細やかな制御が可能」とされていることなど，両理論の差異などを確認する．

## 15.1 可制御性と可観測性

係数行列 $A, B, C$ を，それぞれ $n \times n, n \times m, r \times n$ の行列とするシステムの状態方程式が

$$\begin{cases} \dot{\boldsymbol{x}}(t) = A\boldsymbol{x}(t) + B\boldsymbol{u}(t) \\ \boldsymbol{y}(t) = C\boldsymbol{x}(t) \end{cases} \tag{15.1}$$

で表されるとき，可制御性と可観測性という 2 つの重要な性質が定義され，システムは図 15.1 のように大きく 4 つの部分に分けられる．

─ 可制御性（controllability）─────
　ある制御入力 $\boldsymbol{u}(t)$ によって，システムの初期状態 $\boldsymbol{x}(t_0)$ から任意の最終状態 $\boldsymbol{x}(t_\mathrm{f})$ に，有限時間 $t_\mathrm{f} \geq 0$ で到達できるシステムを**可制御**という．

─ 可観測性（observability）─────
　有限時間 $0 < t < t_\mathrm{f}$ の間，出力 $\boldsymbol{y}(t)$ を観測することによって，システムの初期状態 $\boldsymbol{x}(t_0)$ を求めることができるシステムを**可観測**という．

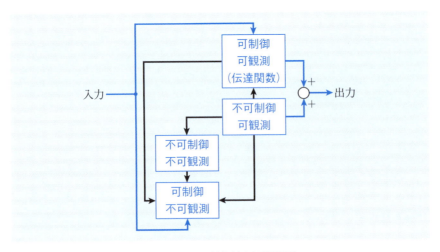

図 15.1　可制御性と可観測性

## 15.1 可制御性と可観測性

すなわち，システムは「可制御」という性質と「可観測」という性質により4つの部分に分けられ，現代制御理論ではそのすべてを扱うことができるが，古典制御理論で扱った伝達関数とは「可制御かつ可観測」な部分のみの特性を示している．ただ，我々が扱う機械系のシステムでは，ほとんどが「可制御かつ可観測」なシステムであるので，古典制御理論との差が実感できないのである．システムの可制御性と可観測性は，可制御性行列 $M_\mathrm{c}$ と可観測性行列 $M_\mathrm{o}$ の階数を調べることによって分かる．**可制御性行列** $M_\mathrm{c}$（$n \times mn$ 行列）と**可観測性行列** $M_\mathrm{o}$（$nr \times n$ 行列）を次のように定義する（係数行列 $A$, $B$, $C$ は，それぞれ $n \times n$, $n \times m$, $r \times n$ 行列）．

$$M_\mathrm{c} = \left( \begin{array}{cccc} B & AB & \cdots & A^{n-1}B \end{array} \right) \tag{15.2}$$

$$M_\mathrm{o} = \left( \begin{array}{c} C \\ CA \\ \vdots \\ CA^{n-1} \end{array} \right) \tag{15.3}$$

システムが可制御であるための必要十分条件は

$$\mathrm{rank}\, M_\mathrm{c} = n \tag{15.4}$$

であり，可観測であるための必要十分条件は次式となる．

$$\mathrm{rank}\, M_\mathrm{o} = n \tag{15.5}$$

**200**　第 15 章　古典制御理論と現代制御理論との対応

## 15.2　状態方程式と伝達関数

古典制御理論における伝達関数と現代制御理論における状態方程式（システム方程式）とには，密接な関係があるに違いない．特に，状態変数を相変数（変位 $x(t)$ を $x_1(t)$ とすると，速度 $\dot{x}(t) = \dot{x}_1(t)$ を $x_2(t)$，加速度 $\ddot{x}(t)$ を $\dot{x}_2(t)$ とするような変数）

$$
\begin{cases}
\boldsymbol{x}(t) = \left( \begin{array}{ccccc} x_1(t) & x_2(t) & x_3(t) & \cdots & x_n(t) \end{array} \right)^{\mathrm{T}} \\
\dot{x}_1(t) = x_2(t), \dot{x}_2(t) = x_3(t), \cdots
\end{cases}
\tag{15.6}
$$

に選ぶと，一般的な状態方程式は次のように表される．

$$
\begin{cases}
\dot{\boldsymbol{x}}(t) = A\boldsymbol{x}(t) + Bu(t) \\
y(t) = C\boldsymbol{x}(t)
\end{cases}
\tag{15.7}
$$

$$
\begin{cases}
\boldsymbol{x}(t) = \left( \begin{array}{ccccc} x_1 & x_2 & x_3 & \cdots & x_n \end{array} \right)^{\mathrm{T}} & (n \times 1), \\[2mm]
A = \begin{pmatrix}
0 & 1 & 0 & \cdots & 0 \\
0 & 0 & 1 & \cdots & 0 \\
0 & 0 & 0 & \cdots & 0 \\
\vdots & \vdots & \vdots & \ddots & \vdots \\
-a_n & -a_{n-1} & -a_{n-2} & \cdots & -a_1
\end{pmatrix} & (n \times n), \\[2mm]
B = \left( \begin{array}{ccccc} 0 & 0 & \cdots & 0 & 1 \end{array} \right)^{\mathrm{T}} & (n \times 1), \\[2mm]
C = \left( \begin{array}{cccccc} b_m & b_{m-1} & \cdots & b_0 & 0 & \cdots & 0 \end{array} \right) & (1 \times n)
\end{cases}
\tag{15.8}
$$

この状態方程式から，2 通りの方法で伝達関数を導いてみよう．

### 15.2.1　微分方程式を推測し，古典制御理論に基づき導く手法

式 (15.7), (15.8) の状態方程式から推測される微分方程式は

$$
\begin{cases}
\dfrac{d^n x(t)}{dt^n} = -a_n x(t) - a_{n-1} \dfrac{dx(t)}{dt} - \cdots - a_1 \dfrac{d^{n-1} x(t)}{dt^{n-1}} + u(t) \\[3mm]
y(t) = b_m x(t) + b_{m-1} \dfrac{dx(t)}{dt} + \cdots + b_1 \dfrac{d^{m-1} x(t)}{dt^{m-1}} + b_0 \dfrac{d^m x(t)}{dt^m}
\end{cases}
$$

## 15.2 状態方程式と伝達関数

より，両辺をラプラス変換しすべての初期値を 0 とおいて整理すると

$$\begin{cases} (s^n + a_1 s^{n-1} + \cdots + a_{n-1} s + a_n) X(s) = U(s) \\ Y(s) = (b_0 s^m + b_1 s^{m-1} + \cdots + b_{m-1} s + b_m) X(s) \end{cases}$$

であり，これらの関係より伝達関数を導くと

$$G(s) \left( = \frac{Y(s)}{U(s)} \right) = \underbrace{\frac{X(s)}{U(s)}}_{\text{伝達関数の分母}} \cdot \underbrace{\frac{Y(s)}{X(s)}}_{\text{伝達関数の分子}}$$

$$= \frac{1}{s^n + a_1 s^{n-1} + \cdots + a_{n-1} s + a_n}$$

$$\times \frac{b_0 s^m + b_1 s^{m-1} + \cdots + b_{m-1} s + b_m}{1}$$

$$= \frac{b_0 s^m + b_1 s^{m-1} + \cdots + b_{m-1} s + b_m}{s^n + a_1 s^{n-1} + \cdots + a_{n-1} s + a_n} \quad (15.9)$$

のように伝達関数が求まる．

### 15.2.2 状態方程式から求める手法

状態方程式

$$\begin{cases} \dot{x}(t) = Ax(t) + Bu(t) \\ y(t) = Cx(t) \end{cases} \quad (15.10)$$

の両辺をラプラス変換して，すべての初期値を 0 とする．

$$\begin{cases} sX(s) = AX(s) + BU(s) \\ Y(s) = CX(s) \end{cases} \quad (15.11)$$

これを行列の演算順序などに注意しながら変形すると

$$BU(s) = sX(s) - AX(s)$$

$$= (sI - A) X(s)$$

$$\therefore \ U(s) = B^{-1} (sI - A) X(s) \quad (15.12)$$

上式と出力方程式より伝達関数 $G(s)$ を求める．

**202**　第 15 章　古典制御理論と現代制御理論との対応

$$G(s) = \frac{Y(s)}{U(s)} = \frac{CX(s)}{B^{-1}(sI-A)X(s)} = \frac{CB}{(sI-A)}$$

$$= C(sI-A)^{-1}B$$

$$= \begin{pmatrix} b_m & b_{m-1} & \cdots & b_0 & 0 & \cdots & 0 \end{pmatrix}$$

$$\times \begin{pmatrix} s & -1 & 0 & \cdots & 0 \\ 0 & s & -1 & \cdots & 0 \\ 0 & 0 & s & \cdots & 0 \\ \vdots & \vdots & \vdots & \ddots & \vdots \\ a_n & a_{n-1} & a_{n-2} & \cdots & s+a_1 \end{pmatrix}^{-1} \begin{pmatrix} 0 \\ 0 \\ \vdots \\ 0 \\ 1 \end{pmatrix} \quad (15.13)$$

### ■ 例題 15.1 ■

$n=3,\, m=2$ の場合について，2 つの手法によって状態方程式から伝達関数を求め，同じになることを確認せよ．

**【解答】**　状態方程式は，次式となる．

$$\begin{cases} \dot{\boldsymbol{x}}(t) = A\boldsymbol{x}(t) + Bu(t) \\ y(t) = C\boldsymbol{x}(t) \end{cases} \quad (\mathrm{a})$$

$$\boldsymbol{x}(t) = \begin{pmatrix} x_1 & x_2 & x_3 \end{pmatrix}^{\mathrm{T}},$$

$$A = \begin{pmatrix} 0 & 1 & 0 \\ 0 & 0 & 1 \\ -a_3 & -a_2 & -a_1 \end{pmatrix}, \; B = \begin{pmatrix} 0 \\ 0 \\ 1 \end{pmatrix}, \quad (\mathrm{b})$$

$$C = \begin{pmatrix} b_2 & b_1 & 0 \end{pmatrix}$$

この状態方程式から推測される微分方程式は

$$\begin{cases} \dfrac{d^3 x(t)}{dt^3} = -a_3 x(t) - a_2 \dfrac{dx(t)}{dt} - a_1 \dfrac{d^2 x(t)}{dt^2} + u(t) \\ y(t) = b_2 x(t) + b_1 \dfrac{dx(t)}{dt} \end{cases}$$

より，両辺をラプラス変換し，すべての初期値を 0 とおいて整理すると

$$\begin{cases} (s^3 + a_1 s^2 + a_2 s + a_n)X(s) = U(s) \\ Y(s) = (b_0 s^2 + b_1 s + b_2)X(s) \end{cases}$$

### 15.2 状態方程式と伝達関数

であり，これらの関係より伝達関数を導くと

$$G(s)\left(=\frac{Y(s)}{U(s)}\right) = \underbrace{\frac{X(s)}{U(s)}}_{\text{伝達関数の分母}} \cdot \underbrace{\frac{Y(s)}{X(s)}}_{\text{伝達関数の分子}}$$

$$= \frac{1}{s^3 + a_1 s^2 + a_2 s + a_n} \frac{b_0 s^2 + b_1 s + b_2}{1}$$

$$= \frac{b_0 s^2 + b_1 s + b_2}{s^3 + a_1 s^2 + a_2 s + a_3} \tag{c}$$

のように伝達関数が求まる．

次に，直接，状態方程式から伝達関数を導いてみる．

$$G(s) = C(sI - A)^{-1}B$$

$$= \begin{pmatrix} b_2 & b_1 & b_0 \end{pmatrix}$$

$$\times \left\{ \begin{pmatrix} s & 0 & 0 \\ 0 & s & 0 \\ 0 & 0 & s \end{pmatrix} - \begin{pmatrix} 0 & 1 & 0 \\ 0 & 0 & 1 \\ -a_3 & -a_2 & -a_1 \end{pmatrix} \right\}^{-1} \begin{pmatrix} 0 \\ 0 \\ 1 \end{pmatrix}$$

$$= \begin{pmatrix} b_2 & b_1 & b_0 \end{pmatrix} \begin{pmatrix} s & -1 & 0 \\ 0 & s & -1 \\ a_3 & a_2 & s + a_1 \end{pmatrix}^{-1} \begin{pmatrix} 0 \\ 0 \\ 1 \end{pmatrix}$$

$$= \frac{1}{s^3 + a_1 s^2 + a_2 s + a_3} \begin{pmatrix} b_2 & b_1 & b_0 \end{pmatrix}$$

$$\times \begin{pmatrix} s^2 + a_1 s + a_2 & s + a_1 & 1 \\ a_3 & s(s + a_1) & s \\ a_3 s & a_2 s + a_3 & s^2 \end{pmatrix} \begin{pmatrix} 0 \\ 0 \\ 1 \end{pmatrix}$$

$$= \frac{1}{s^3 + a_1 s^2 + a_2 s + a_3} \begin{pmatrix} b_2 & b_1 & b_0 \end{pmatrix} \begin{pmatrix} 1 \\ s \\ s^2 \end{pmatrix}$$

$$= \frac{b_0 s^2 + b_1 s + b_2}{s^3 + a_1 s^2 + a_2 s + a_3} \tag{d}$$

このように，2つの方法により求められた伝達関数は一致する．

**204** 第 15 章 古典制御理論と現代制御理論との対応

## 15.3 状態方程式と重み関数

古典制御理論において，伝達関数 $G(s)$ と重み関数 $g(t)$ との間には密接な関係があることを学修した．すなわち，系のインパルス応答を時間領域で表す重み関数 $g(t)$ の $s$ 領域での表示が伝達関数 $G(s)$ であった．時刻 $t = 0$ におけるすべての初期値を $0$ としたとき，系の出力 $y(t)$ の時間応答は系の重み関数 $g(t)$ を用いて

$$y(t) = \int_{-\infty}^{\infty} g(t - \tau)u(\tau)\,d\tau$$
$$= \int_{0}^{t} g(t - \tau)u(\tau)\,d\tau \tag{15.14}$$

で求められる．この式と状態方程式の時間応答とを比較して，重み関数と状態方程式との関係を考察してみよう．

$$\dot{\boldsymbol{x}}(t) = A\boldsymbol{x}(t) + Bu(t) \tag{15.15}$$

の時間応答は，**遷移行列**（transition matrix）$e^{At}$ を

$$e^{At} = \mathcal{L}^{-1}\big\{(sI - A)^{-1}\big\} \tag{15.16}$$

として，次式で求まる．

$$\boldsymbol{x}(t) = e^{A(t-t_0)}\,\boldsymbol{x}(t_0) + \int_{t_0}^{t} e^{A(t-\tau)}\,Bu(\tau)\,d\tau \tag{15.17}$$

これは，行列の指数関数が

$$e^{At} = I + At + \frac{1}{2!}\,A^2 t^2 + \frac{1}{3!}\,A^3 t^3 + \cdots + \frac{1}{k!}\,A^k t^k + \cdots \tag{15.18}$$

と表されることから，行列の指数関数の微分が

$$\frac{de^{At}}{dt} = 0 + A + \frac{2}{2!}\,A^2 t^1 + \frac{3}{3!}\,A^3 t^2 + \cdots + \frac{k}{k!}\,A^k t^{k-1} + \cdots$$
$$= A\left(I + \frac{1}{1!}\,A^1 t^1 + \frac{1}{2!}\,A^2 t^2 + \cdots + \frac{1}{(k-1)!}\,A^{k-1} t^{k-1} + \cdots\right)$$
$$= Ae^{At} \tag{15.19}$$

と導かれることによって，次のように確認できる．

## 15.3 状態方程式と重み関数

$$\dot{\boldsymbol{x}}(t) = \frac{d\boldsymbol{x}(t)}{dt} = \frac{d}{dt}\left(e^{A(t-t_0)}\boldsymbol{x}(t_0) + \int_{t_0}^t e^{A(t-\tau)}Bu(\tau)\,d\tau\right)$$

$$= Ae^{A(t-t_0)}\boldsymbol{x}(t_0) + Ae^{At}\int_{t_0}^t e^{-A\tau}Bu(\tau)\,d\tau + e^{A(t-\tau)}Bu(\tau)\big|_{\tau=t}$$

$$= Ae^{A(t-t_0)}\boldsymbol{x}(t_0) + Ae^{At}\int_{t_0}^t e^{-A\tau}Bu(\tau)\,d\tau + e^{A(t-t)}Bu(t)$$

$$= A\left(e^{A(t-t_0)}\boldsymbol{x}(t_0) + e^{At}\int_{t_0}^t e^{-A\tau}Bu(\tau)\,d\tau\right) + IBu(t)$$

$$= A\boldsymbol{x}(t) + Bu(t) \tag{15.20}$$

よって，系の出力 $y(t)$ は

$$y(t) = C\boldsymbol{x}(t)$$

$$= Ce^{A(t-t_0)}\boldsymbol{x}(t_0) + \int_{t_0}^t Ce^{A(t-\tau)}Bu(\tau)\,d\tau \tag{15.21}$$

で求められる．ここで，時刻 $t = t_0$ におけるすべての初期値を 0 としたときの出力 $y(t)$ は

$$y(t) = Ce^{A(t-t_0)}\boldsymbol{0} + \int_{t_0}^t Ce^{A(t-\tau)}Bu(\tau)\,d\tau$$

$$= \int_0^t Ce^{A(t-\tau)}Bu(\tau)\,d\tau \tag{15.22}$$

となる．この式と畳み込み積分の式を比較すると，重み関数 $g(t)$ に関する次式が導かれる．

$$g(t) = \begin{cases} 0 & (t < 0) \\ Ce^{At}B & (t \geq 0) \end{cases} \tag{15.23}$$

これにより，状態方程式からも重み関数を導けることが明らかになった．

**206** 第 15 章 古典制御理論と現代制御理論との対応

## 15.4 状態フィードバックの効果

状態フィードバックを施す前の状態方程式の係数行列 $A$ は

$$
A = \begin{pmatrix}
0 & 1 & 0 & \cdots & 0 \\
0 & 0 & 1 & \cdots & 0 \\
0 & 0 & 0 & \cdots & 0 \\
\vdots & \vdots & \vdots & \ddots & \vdots \\
-a_n & -a_{n-1} & -a_{n-2} & \cdots & -a_1
\end{pmatrix} \tag{15.24}
$$

であり，状態フィードバックを施した後の状態方程式の係数行列 $A^*$ は

$$
A^* = \begin{pmatrix}
0 & 1 & \cdots & 0 \\
0 & 0 & \cdots & 0 \\
0 & 0 & \cdots & 0 \\
\vdots & \vdots & \ddots & \vdots \\
-(a_n + k_n) & -(a_{n-1} + k_{n-1}) & \cdots & -(a_1 + k_1)
\end{pmatrix} \tag{15.25}
$$

となる．それぞれによって求まる重み関数 $g(t)$ と $g^*(t)$ は

$$
g(t) = \begin{cases}
0 & (t < 0) \\
C e^{At} B & (t \geq 0)
\end{cases} \tag{15.26}
$$

$$
g^*(t) = \begin{cases}
0 & (t < 0) \\
C e^{A^*t} B & (t \geq 0)
\end{cases} \tag{15.27}
$$

となる．つまり，状態フィードバックを施すことによって，特性方程式の係数が変更されたことによりシステムの応答を決定する極の配置が変更され，重み関数 $g(t)$ が変更されることが確認できる．すなわち，系の応答が変化している．

## 15章の問題

☐ **15.1**
$$\begin{cases} \dot{\boldsymbol{x}}(t) = \begin{pmatrix} 0 & 1 \\ -6 & -5 \end{pmatrix} \boldsymbol{x}(t) + \begin{pmatrix} 0 \\ 1 \end{pmatrix} u(t) \\ y(t) = \begin{pmatrix} 1 & 0 \end{pmatrix} \boldsymbol{x}(t) \end{cases}$$

で示されるシステムの伝達関数を，2種類の方法により求め比較せよ．

☐ **15.2** $\dddot{y}(t) + 3\ddot{y}(t) + 5\dot{y}(t) + 2y(t) = 2\dot{u}(t) + u(t)$ で示されるシステムの状態方程式と出力方程式を示せ．また，それらを基に，システムの伝達関数を求めよ．

☐ **15.3** 例題 14.2 において得られたフィードバックゲインを用いたとき，システムの極がどのように変化したかを調べよ．

☐ **15.4** 次のブロック線図で示される系の状態方程式と出力方程式を示せ．

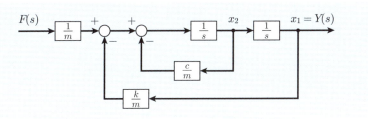

図 1

☐ **15.5** 次のブロック線図で示される系の状態方程式と出力方程式を示せ．

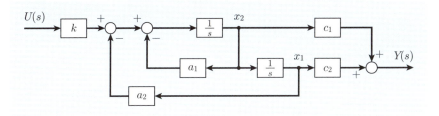

図 2

☐ **15.6** 前問のシステムに $Q = \begin{pmatrix} 1 & 0 \\ 0 & q \end{pmatrix}$，$R = r$ の条件で最適レギュレータによる設計を行ったとき，そのシステム全体の伝達関数を求め，前問の図にならってブロック線図を描け．

# 問題解答

## 1章

### 1.1

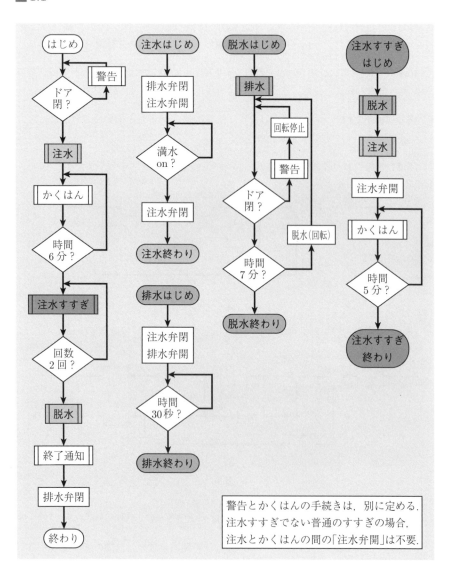

■**1.2** 解答例を以下に示す．湿度調整やルーバーの運動などを考えると，さらに複雑になる．

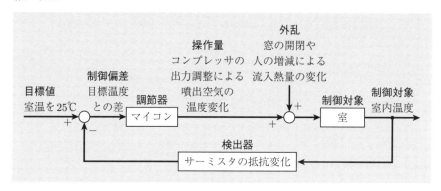

## 2章

■**2.1** 表計算ソフトなどで重み関数を計算し，$\Delta T$ 秒ずつ変化する入力の大きさを乗じて，$\Delta T$ 秒ずつずらして足し合わせる．

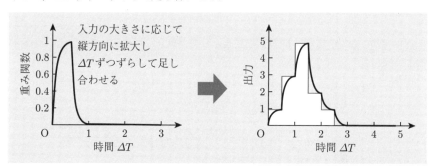

■**2.2** 問 2.1 と同様にして求める．

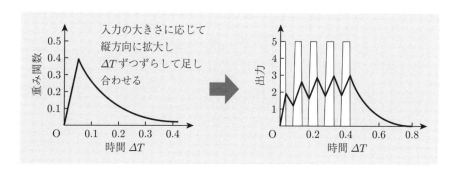

**210** 問 題 解 答

# 3章

## ■3.1 (1) 二次遅れ系

$$G(j\omega) = \frac{K}{(1+j\omega T_1)(1+j\omega T_2)} \frac{(1-j\omega T_1)(1-j\omega T_2)}{(1-j\omega T_1)(1-j\omega T_2)} = \frac{-KT_1T_2\omega^2 - j\omega K(T_1+T_2)+K}{\omega^4 T_1^2 T_2^2 + \omega^2(T_1^2+T_2^2)+1}$$

$$\mathrm{Re}\{G(j\omega)\} = \frac{-K(T_1T_2\omega^2-1)}{\omega^4 T_1^2 T_2^2 + \omega^2(T_1^2+T_2^2)+1}, \quad \mathrm{Im}\{G(j\omega)\} = \frac{-K(T_1+T_2)\omega}{\omega^4 T_1^2 T_2^2 + \omega^2(T_1^2+T_2^2)+1}$$

$$\big|G(j\omega)\big| = \sqrt{(\mathrm{Re}\{G(j\omega)\})^2 + (\mathrm{Im}\{G(j\omega)\})^2} = \frac{K}{\sqrt{\omega^4 T_1^2 T_2^2 + \omega^2(T_1^2+T_2^2)+1}}$$

$$\angle G(j\omega) = \tan^{-1}\frac{\mathrm{Im}\{G(j\omega)\}}{\mathrm{Re}\{G(j\omega)\}} = \tan^{-1}\frac{(T_1+T_2)\omega}{T_1T_2\omega^2-1}$$

(2) 二次遅れ系に，第7章で学修する一次進み要素を直列結合した形とみることができる．また，同様に第7章で学修する位相進み要素，あるいは位相遅れ要素を一次遅れ系に直列結合した形ともみることができる．

$$G(j\omega) = \frac{K(c+j\omega)}{(a+j\omega)(b+j\omega)} \frac{(a-j\omega)(b-j\omega)}{(a-j\omega)(b-j\omega)} = \frac{K\{abc+\omega^2(a+b-c)\}}{(a^2+\omega^2)(b^2+\omega^2)} - j\frac{K\omega\{\omega^2-(ab-bc-ac)\}}{(a^2+\omega^2)(b^2+\omega^2)}$$

$$\mathrm{Re}\{G(j\omega)\} = \frac{K\{abc+\omega^2(a+b-c)\}}{(a^2+\omega^2)(b^2+\omega^2)}, \quad \mathrm{Im}\{G(j\omega)\} = \frac{-K\omega\{\omega^2-(ab-bc-ac)\}}{(a^2+\omega^2)(b^2+\omega^2)}$$

$$\big|G(j\omega)\big| = \sqrt{(\mathrm{Re}\{G(j\omega)\})^2 + (\mathrm{Im}\{G(j\omega)\})^2} = \frac{K\sqrt{c^2+\omega^2}}{\sqrt{(a^2+\omega^2)(b^2+\omega^2)}}$$

$$\angle G(j\omega) = \tan^{-1}\frac{\mathrm{Im}\{G(j\omega)\}}{\mathrm{Re}\{G(j\omega)\}} = \tan^{-1}\frac{-\omega\{\omega^2-(ab-bc-ac)\}}{abc+\omega^2(a+b-c)}$$

(3) 第11章で学修するPID調節要素からD（微分）要素を省いた形で，**PI調節器**と呼ばれる．

$$G(j\omega) = K\Big(1+\frac{1}{T_{\mathrm{I}}j\omega}\Big) = \frac{K(1+T_{\mathrm{I}}j\omega)}{T_{\mathrm{I}}j\omega}\frac{j}{j} = \frac{K(T_{\mathrm{I}}\omega-j)}{T_{\mathrm{I}}\omega}$$

$$\mathrm{Re}\{G(j\omega)\} = \frac{KT_{\mathrm{I}}\omega}{T_{\mathrm{I}}\omega} = K, \quad \mathrm{Im}\{G(j\omega)\} = \frac{-K}{T_{\mathrm{I}}\omega}$$

$$\big|G(j\omega)\big| = \sqrt{(\mathrm{Re}\{G(j\omega)\})^2 + (\mathrm{Im}\{G(j\omega)\})^2} = \frac{K\sqrt{1+T_{\mathrm{I}}{}^2\omega^2}}{T_{\mathrm{I}}\omega}$$

$$\angle G(j\omega) = \tan^{-1}\frac{\mathrm{Im}\{G(j\omega)\}}{\mathrm{Re}\{G(j\omega)\}} = \tan^{-1}\frac{-1}{T_{\mathrm{I}}\omega}$$

(4) 第11章で，PID調節要素として学修する．第11章では，別表現になっている．

$$G(j\omega) = K\Big(1+\frac{1}{T_{\mathrm{I}}j\omega}+T_{\mathrm{D}}j\omega\Big) = \frac{K(1+T_{\mathrm{I}}j\omega+T_{\mathrm{I}}T_{\mathrm{D}}\omega^2)}{T_{\mathrm{I}}j\omega}\frac{j}{j} = \frac{K\{T_{\mathrm{I}}\omega+j(T_{\mathrm{I}}T_{\mathrm{D}}\omega^2-1)\}}{T_{\mathrm{I}}\omega}$$

$$\mathrm{Re}\{G(j\omega)\} = \frac{KT_{\mathrm{I}}\omega}{T_{\mathrm{I}}\omega} = K, \quad \mathrm{Im}\{G(j\omega)\} = \frac{K(T_{\mathrm{I}}T_{\mathrm{D}}\omega^2-1)}{T_{\mathrm{I}}\omega}$$

$$\big|G(j\omega)\big| = \sqrt{(\mathrm{Re}\{G(j\omega)\})^2 + (\mathrm{Im}\{G(j\omega)\})^2} = \frac{K\sqrt{(T_{\mathrm{I}}T_{\mathrm{D}}\omega^2-1)^2+T_{\mathrm{I}}{}^2\omega^2}}{T_{\mathrm{I}}\omega}$$

$$= K\sqrt{1+\Big(T_{\mathrm{D}}\omega-\frac{1}{T_{\mathrm{I}}\omega}\Big)^2}$$

$$\angle G(j\omega) = \tan^{-1}\frac{\mathrm{Im}\{G(j\omega)\}}{\mathrm{Re}\{G(j\omega)\}} = \tan^{-1}\frac{T_{\mathrm{I}}T_{\mathrm{D}}\omega^2-1}{T_{\mathrm{I}}\omega} = \tan^{-1}\Big(T_{\mathrm{D}}\omega-\frac{1}{T_{\mathrm{I}}\omega}\Big)$$

問 題 解 答　　**211**

**4章** ▰

■**4.1**　両辺をラプラス変換してすべての初期値を 0 と置く．すなわち，（形式的には）$n$ 階微分 $d^n/dt^n$ を $s^n$ に置き換える．その後，$Y(s)$ と $U(S)$ でまとめ，$G(s) = Y(s)/U(s)$ の形に変形する（以下，手順 (a)）．振幅特性と位相特性を求める場合には，伝達関数 $G(s)$ を周波数伝達関数 $G(j\omega)$ に変える．以下，計算過程のみを示す．

(1)　分母 = 0 で求まる極が共役複素数となるので，実数の範囲で分母を因数分解できないことに注意すること．よって，極ゼロ表示はせず，ラプラス変換表で最も適した形に変形する．

$$\frac{d^2 y(t)}{dt^2} + 2\frac{dy(t)}{dt} + 9y(t) = \frac{du(t)}{dt} + u(t)$$

$$(s^2 + 2s + 9)Y(s) = (s+1)U(s)$$

$$\Rightarrow\quad G(s) = \frac{Y(s)}{U(s)} = \frac{s+1}{s^2+2s+9} = \frac{s+1}{(s+1)^2+(2\sqrt{2})^2}$$

$s = a + j\omega$ の $a = 0$ として（$s$ に $j\omega$ を代入して）

$$G(j\omega) = \frac{j\omega+1}{(j\omega)^2+2j\omega+9} = \frac{-(j\omega+1)}{\omega^2-9-j2\omega}\frac{\omega^2-9+j2\omega}{\omega^2-9+j2\omega} = \frac{\omega^2+9-j\omega(\omega^2-7)}{(\omega^2-9)^2+4\omega^2}$$

$$\mathrm{Re}\{G(j\omega)\} = \frac{\omega^2+9}{(\omega^2-9)^2+4\omega^2}, \quad \mathrm{Im}\{G(j\omega)\} = \frac{-\omega(\omega^2-7)}{(\omega^2-9)^2+4\omega^2}$$

$$\left|G(j\omega)\right| = \sqrt{(\mathrm{Re}\{G(j\omega)\})^2 + (\mathrm{Im}\{G(j\omega)\})^2} = \frac{\sqrt{\omega^2+1}}{\sqrt{(\omega^2-9)^2+4\omega^2}}$$

$$\angle G(j\omega) = \tan^{-1}\frac{\mathrm{Im}\{G(j\omega)\}}{\mathrm{Re}\{G(j\omega)\}} = \tan^{-1}\frac{-\omega(\omega^2-7)}{\omega^2+9}$$

(2)　$\dfrac{d^2 y(t)}{dt^2} + 60\dfrac{dy(t)}{dt} + 500y(t) = 5000u(t)$

$$(s^2 + 60s + 500)Y(s) = 5000U(s)$$

$$\Rightarrow\quad G(s) = \frac{Y(s)}{U(s)} = \frac{5000}{(s+10)(s+50)}$$

$s = a + j\omega$ の $a = 0$ として（$s$ に $j\omega$ を代入して）

$$G(j\omega) = \frac{5000}{(j\omega+10)(j\omega+50)}\frac{(j\omega-10)(j\omega-50)}{(j\omega-10)(j\omega-50)} = -\frac{5000(\omega^2+60j\omega-500)}{(\omega^2+100)(\omega^2+2500)}$$

$$\mathrm{Re}\{G(j\omega)\} = -\frac{5000(\omega^2-500)}{(\omega^2+100)(\omega^2+2500)}, \quad \mathrm{Im}\{G(j\omega)\} = -\frac{300000\omega}{(\omega^2+100)(\omega^2+2500)}$$

$$\left|G(j\omega)\right| = \sqrt{(\mathrm{Re}\{G(j\omega)\})^2 + (\mathrm{Im}\{G(j\omega)\})^2} = \frac{5000}{\sqrt{(\omega^2+100)(\omega^2+2500)}}$$

$$\angle G(j\omega) = \tan^{-1}\frac{\mathrm{Im}\{G(j\omega)\}}{\mathrm{Re}\{G(j\omega)\}} = \tan^{-1}\frac{60\omega}{\omega^2-500}$$

(3)　$\dfrac{d^2 y(t)}{dt^2} + 50\dfrac{dy(t)}{dt} = 50\dfrac{du(t)}{dt} + 500u(t)$

$$(s^2 + 50s)Y(s) = 50(s + 10)U(s)$$

$$\Rightarrow\quad G(s) = \frac{Y(s)}{U(s)} = \frac{50(s+10)}{s(s+50)}$$

**212** 問 題 解 答

$s = a + j\omega$ の $a = 0$ として（$s$ に $j\omega$ を代入して）

$$G(j\omega) = \frac{50(j\omega+10)}{j\omega(j\omega+50)} \frac{j(j\omega-50)}{j(j\omega-50)} = \frac{50\{40\omega - j(\omega^2+500)\}}{w(\omega^2+2500)}$$

$$\mathrm{Re}\{G(j\omega)\} = \frac{2000}{\omega^2+2500}, \quad \mathrm{Im}\{G(j\omega)\} = -\frac{50(\omega^2+500)}{\omega(\omega^2+2500)}$$

$$\left|G(j\omega)\right| = \sqrt{(\mathrm{Re}\{G(j\omega)\})^2 + (\mathrm{Im}\{G(j\omega)\})^2} = \frac{50\sqrt{\omega^2+100}}{\omega\sqrt{\omega^2+2500}}$$

$$\angle G(j\omega) = \tan^{-1}\frac{\mathrm{Im}\{G(j\omega)\}}{\mathrm{Re}\{G(j\omega)\}} = \tan^{-1}\frac{-(\omega^2+500)}{40\omega}$$

■**4.2** (1) 高校の物理にそって解く．回路の抵抗に注目すると，流れる電流 $i(t)$ は次式で与えられる．

$$i(t) = \frac{e_\mathrm{i}(t) - e_\mathrm{o}(t)}{R}$$

また，その電流 $i(t)$ はコンデンサに貯まる電荷 $Q(t)$ の変化に等しいので

$$i(t) = \frac{dQ(t)}{dt}$$

となる．電荷 $Q(t)$ とコンデンサ両端の電位差の関係は

$$Q(t) = C\big(e_\mathrm{o}(t) - 0\big) = Ce_\mathrm{o}(t)$$

であるから，これらの関係より，以下のように変形できる．

$$\frac{dQ(t)}{dt} = i(t) = \frac{e_\mathrm{i}(t) - e_\mathrm{o}(t)}{R} = \frac{d}{dt}\big(Ce_\mathrm{o}(t)\big)$$

よって，これを変形して

$$RC\frac{de_\mathrm{o}(t)}{dt} = e_\mathrm{i}(t) - e_\mathrm{o}(t) \quad \Rightarrow \quad RC\frac{de_\mathrm{o}(t)}{dt} + e_\mathrm{o}(t) = e_\mathrm{i}(t)$$

手順 (a) により

$$(RCs+1)E_\mathrm{o}(s) = E_\mathrm{i}(s) \quad \Rightarrow \quad G(s) = \frac{E_\mathrm{o}(s)}{E_\mathrm{i}(s)} = \frac{1}{1+RCs}$$

(2) (1) と同様にも解けるが，電気回路のインピーダンスの考え方でも解ける．コンデンサのインピーダンス $Z_\mathrm{C}$ と抵抗のインピーダンス $Z_\mathrm{R}$ は，それぞれ

$$Z_\mathrm{C} = \frac{1}{Cj\omega}, \quad Z_\mathrm{R} = R$$

で表される．出力電圧 $e_\mathrm{o}(t)$ は 2 つの直列に結合されたインピーダンス $Z_\mathrm{C}$, $Z_\mathrm{R}$ によって分圧されていると考えられるので，以下の式で求まる．

$$\frac{Z_\mathrm{R}}{Z_\mathrm{C} + Z_\mathrm{R}} = \frac{R}{\frac{1}{Cj\omega} + R} = \frac{RCj\omega}{1+RCj\omega}$$

伝達関数を求めたいので，$j\omega$ の代わりに $s$ を用いて次式となる．

$$G(s) = \frac{RCs}{1+RCs}$$

問 題 解 答　　　　　　**213**

■**4.3**　系の運動方程式は

$$m\ddot{x} = -k\big(x(t) - u(t)\big) - c\big(\dot{x}(t) - \dot{u}(t)\big)$$

手順 (a) により

$$(ms^2 + cs + k)X(s) = (cs + k)U(s) \quad \Rightarrow \quad G(s) = \frac{X(s)}{U(s)} = \frac{cs+k}{ms^2+cs+k}$$

振動系の場合, $m, c, k$ を用いる代わりに, $c/m = 2\zeta\omega_\mathrm{n}$, $k/m = \omega_\mathrm{n}^2$ とすることが多いので, 同様の変形を行うと

$$G(s) = \frac{X(s)}{U(s)} = \frac{2\zeta\omega_\mathrm{n}s+\omega_\mathrm{n}^2}{s^2+2\zeta\omega_\mathrm{n}s+\omega_\mathrm{n}^2}$$

となる. ここで, $\zeta$ の大小で場合分けを行う.

**$\zeta < 1$ のとき**　問 4.1 (1) と同様に, 分母 $= 0$ で求まる極が共役複素数となるので, 実数の範囲で分母を因数分解できない. よって, 伝達関数は

$$G(s) = \frac{X(s)}{U(s)} = \frac{2\zeta\omega_\mathrm{n}s+\omega_\mathrm{n}^2}{s^2+2\zeta\omega_\mathrm{n}s+\omega_\mathrm{n}^2}$$

となり, 振幅特性と位相特性は周波数伝達関数 $G(j\omega)$ から次のように求められる.

$$G(j\omega) = \frac{2\zeta\omega_\mathrm{n}j\omega+\omega_\mathrm{n}^2}{(j\omega)^2+2\zeta\omega_\mathrm{n}j\omega+\omega_\mathrm{n}^2} = \frac{\omega_\mathrm{n}^2+j2\zeta\omega\omega_\mathrm{n}}{\omega_\mathrm{n}^2-\omega^2+j2\zeta\omega\omega_\mathrm{n}}$$

$$= \frac{\omega_\mathrm{n}^2+j2\zeta\omega\omega_\mathrm{n}}{\omega_\mathrm{n}^2-\omega^2+j2\zeta\omega\omega_\mathrm{n}} \frac{\omega_\mathrm{n}^2-\omega^2-j2\zeta\omega\omega_\mathrm{n}}{\omega_\mathrm{n}^2-\omega^2-j2\zeta\omega\omega_\mathrm{n}} = \frac{\omega_\mathrm{n}^2\{(\omega_\mathrm{n}^2-\omega^2)+4\zeta^2\omega^2\}-j(2\zeta\omega^3\omega_\mathrm{n})}{(\omega_\mathrm{n}^2-\omega^2)^2+4\zeta^2\omega^2\omega_\mathrm{n}^2}$$

$$\mathrm{Re}\{G(j\omega)\} = \frac{\omega_\mathrm{n}^2\{(\omega_\mathrm{n}^2-\omega^2)+4\zeta^2\omega^2\}}{(\omega_\mathrm{n}^2-\omega^2)^2+4\zeta^2\omega^2\omega_\mathrm{n}^2}, \quad \mathrm{Im}\{G(j\omega)\} = \frac{-2\zeta\omega^3\omega_\mathrm{n}}{(\omega_\mathrm{n}^2-\omega^2)^2+4\zeta^2\omega^2\omega_\mathrm{n}^2}$$

$$\big|G(j\omega)\big| = \sqrt{(\mathrm{Re}\{G(j\omega)\})^2+(\mathrm{Im}\{G(j\omega)\})^2} = \frac{\sqrt{\omega_\mathrm{n}^2+4\zeta^2\omega^2}}{\sqrt{(\omega_\mathrm{n}^2-\omega^2)^2+4\zeta^2\omega^2\omega_\mathrm{n}^2}}$$

$$\angle G(j\omega) = \tan^{-1}\frac{\mathrm{Im}\{G(j\omega)\}}{\mathrm{Re}\{G(j\omega)\}} = \tan^{-1}\frac{-2\zeta\omega^3}{\omega_\mathrm{n}\{(\omega_\mathrm{n}^2-\omega^2)+4\zeta^2\omega^2\}}$$

**$\zeta = 1$ のとき**　伝達関数は

$$G(s) = \frac{X(s)}{U(s)} = \frac{2\omega_\mathrm{n}s+\omega_\mathrm{n}^2}{s^2+2\omega_\mathrm{n}s+\omega_\mathrm{n}^2} = \frac{\omega_\mathrm{n}(2s+\omega_\mathrm{n})}{(s+\omega_\mathrm{n})^2}$$

となり, 振幅特性と位相特性は周波数伝達関数 $G(j\omega)$ から次のように求められる.

$$G(j\omega) = \frac{\omega_\mathrm{n}(2j\omega+\omega_\mathrm{n})}{(j\omega+\omega_\mathrm{n})^2} = \frac{\omega_\mathrm{n}^2+j2\omega\omega_\mathrm{n}}{\omega_\mathrm{n}^2-\omega^2+j2\omega\omega_\mathrm{n}} \frac{\omega_\mathrm{n}^2-\omega^2-j2\omega\omega_\mathrm{n}}{\omega_\mathrm{n}^2-\omega^2-j2\omega\omega_\mathrm{n}} = \frac{\omega_\mathrm{n}(\omega_\mathrm{n}^3+3\omega^2\omega_\mathrm{n}-2j\omega^3)}{(\omega_\mathrm{n}^2+\omega^2)^2}$$

$$\mathrm{Re}\{G(j\omega)\} = \frac{\omega_\mathrm{n}^2(\omega_\mathrm{n}^2+3\omega^2)}{(\omega_\mathrm{n}^2+\omega^2)^2}, \quad \mathrm{Im}\{G(j\omega)\} = \frac{-2\omega^3\omega_\mathrm{n}}{(\omega_\mathrm{n}^2+\omega^2)^2}$$

$$\big|G(j\omega)\big| = \sqrt{(\mathrm{Re}\{G(j\omega)\})^2+(\mathrm{Im}\{G(j\omega)\})^2} = \frac{\omega_\mathrm{n}\sqrt{\omega_\mathrm{n}^2+4\omega^2}}{\omega_\mathrm{n}^2+\omega^2}$$

$$\angle G(j\omega) = \tan^{-1}\frac{\mathrm{Im}\{G(j\omega)\}}{\mathrm{Re}\{G(j\omega)\}} = \tan^{-1}\frac{-2\omega^3}{\omega_\mathrm{n}(\omega_\mathrm{n}^2+3\omega^2)}$$

**$\zeta > 1$ のとき**　分母 $= 0$ で求まる極が実数なので分母を因数分解すると, 伝達関数は

$$G(s) = \frac{X(s)}{U(s)} = \frac{2\zeta\omega_\mathrm{n}s+\omega_\mathrm{n}^2}{\big(s+\zeta\omega_\mathrm{n}+\omega_\mathrm{n}\sqrt{\zeta^2-1}\big)\big(s+\zeta\omega_\mathrm{n}-\omega_\mathrm{n}\sqrt{\zeta^2-1}\big)}$$

となる. 振幅特性と位相特性は $\zeta < 1$ と同様に求まる.

## 4.4

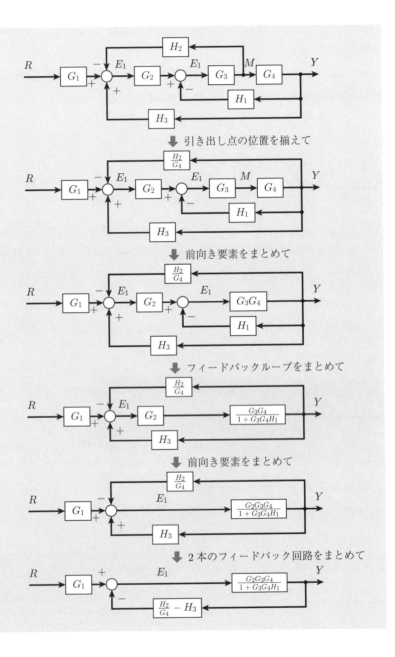

問 題 解 答   **215**

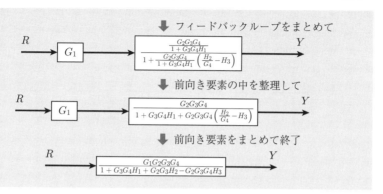

■ 4.5

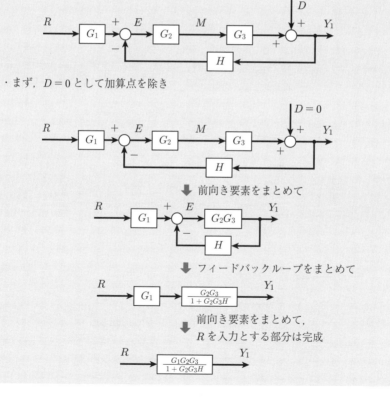

・次に，$R=0$ として

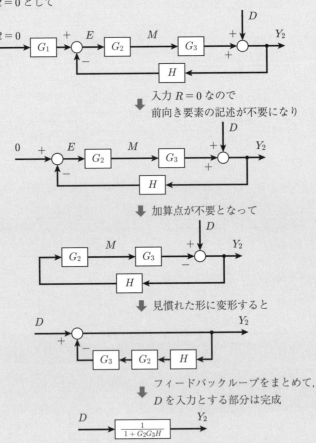

・2つの出力を加算して完了

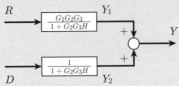

## 5章

**■5.1** 積分時間 $T_i = 1$ であるということは，角周波数 $\omega = 1$ [rad/s] でゲインが $0\,\mathrm{dB}$ となることなので，角周波数 $\omega = 1$ [rad/s] における $0\,\mathrm{dB}$ との差異が比例要素 $K$ の値となる．よって，次のように考えることができる．

- $T_i = 0.1$ の場合：$T_i = 1$ の積分要素と $K = 10$ の比例要素の組合せ
- $T_i = 1$ の場合：　$T_i = 1$ の積分要素と $K = 1$ の比例要素の組合せ
- $T_i = 10$ の場合：$T_i = 1$ の積分要素と $K = 0.1$ の比例要素の組合せ

**■5.2** 微分時間 $T_d = 1$ であるということは，角周波数 $\omega = 1$ [rad/s] でゲインが $0\,\mathrm{dB}$ となることなので，角周波数 $\omega = 1$ [rad/s] における $0\,\mathrm{dB}$ との差異が比例要素 $K$ の値となる．よって，次のように考えることができる．

- $T_d = 0.1$ の場合：$T_d = 1$ の積分要素と $K = 0.1$ の比例要素の組合せ
- $T_d = 1$ の場合：　$T_d = 1$ の積分要素と $K = 1$ の比例要素の組合せ
- $T_d = 10$ の場合：$T_d = 1$ の積分要素と $K = 10$ の比例要素の組合せ

**■5.3** 比例要素 $K = 10$ によってゲイン曲線は上方へ $20\,\mathrm{dB}$ ずれているはずであるから，比例要素の効果を除くには，それぞれのゲイン曲線を $20\,\mathrm{dB}$ 下げる必要がある．$20\,\mathrm{dB}$ 下げたゲイン曲線が $0\,\mathrm{dB}$ を示す角周波数 $\omega$ [rad/s] の逆数が，それぞれの積分時間 $T_i$ となる．よって，次のように考えることができる．

- $T_i = 0.1$ の場合：$K = 10$ の比例要素と $T_i = 1$ の積分要素の組合せ
- $T_i = 1$ の場合：　$K = 10$ の比例要素と $T_i = 10$ の積分要素の組合せ
- $T_i = 10$ の場合：$K = 10$ の比例要素と $T_i = 100$ の積分要素の組合せ

**■5.4** 比例要素 $K = 0.1$ によってゲイン曲線は下方へ $20\,\mathrm{dB}$ ずれているはずであるから，比例要素の効果を除くには，それぞれのゲイン曲線を $20\,\mathrm{dB}$ 上げる必要がある．$20\,\mathrm{dB}$ 上げたゲイン曲線が $0\,\mathrm{dB}$ を示す角周波数 $\omega$ [rad/s] の逆数が，それぞれの積分時間 $T_d$ となる．よって，次のように考えることができる．

- $T_d = 0.1$ の場合：$K = 0.1$ の比例要素と $T_d = 1$ の積分要素の組合せ
- $T_d = 1$ の場合：　$K = 0.1$ の比例要素と $T_d = 10$ の積分要素の組合せ
- $T_d = 10$ の場合：$K = 0.1$ の比例要素と $T_d = 100$ の積分要素の組合せ

## 6章

■**6.1** 図中の数字は，特に注意すべきところである．

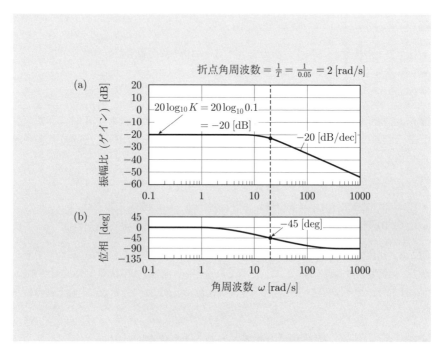

**(a) 振幅比（ゲイン）線図　(b) 位相線図**

■**6.2** 分母に $s$ が1つあることから，一次遅れ系であることが分かる．与えられた伝達関数を一般的な伝達関数の形

$$\frac{K}{(1+Ts)}$$

に変形する．

$$\begin{aligned}G(s) &= \frac{2}{20+s} \\ &= \frac{\frac{2}{20}}{1+\frac{1}{20}s} \\ &= \frac{0.1}{1+0.05s}\end{aligned}$$

問6.1の伝達関数と同一になることから，ボード線図も同じになる．どんな場合にも，一旦，一般的な形に変形すると応用しやすい．第8章では他の例についても学ぶ．

問 題 解 答    **219**

■**6.3** 図中の数字は，特に注意すべきところである．

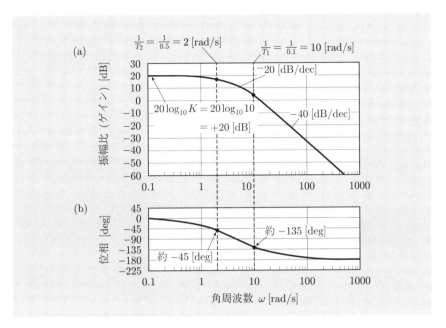

(a) 振幅比（ゲイン）線図　(b) 位相線図

■**6.4** 分母に $s$ が 2 つあることから，二次遅れ系であることが分かる．与えられた伝達関数を一般的な伝達関数の形

$$\frac{K}{(1+T_1 s)(1+T_2 s)}$$

に変形する．

$$G(s) = \frac{200}{(10+s)(2+s)} = \frac{\frac{200}{20}}{\left(1+\frac{1}{10}s\right)\left(1+\frac{1}{2}s\right)} = \frac{10}{(1+0.1s)(1+0.5s)}$$

問 6.3 の伝達関数と同一になることから，ボード線図も同じになる．

## 7 章

■**7.1** (1) 位相進み要素も位相遅れ要素のいずれについても，振幅比（ゲイン）特性や位相特性を与える式は同一である．そこで，$T_1, T_2$ に与えられた数値を代入し，表計算ソフトなどでボード線図を描いてみる．その結果，位相進み要素であることが確認できる．図中の数字は，特に注意すべきところである．

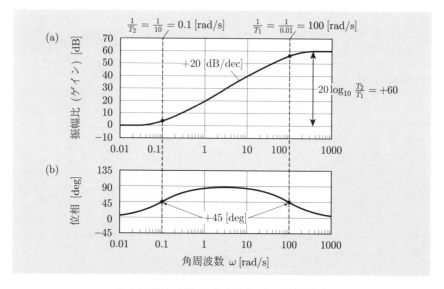

(a) 振幅比（ゲイン）線図　(b) 位相線図

(2) (1) と同様に，表計算ソフトなどでボード線図を描いてみる．その結果，位相遅れ要素であることが確認できる．図中の数字は，特に注意すべきところである．

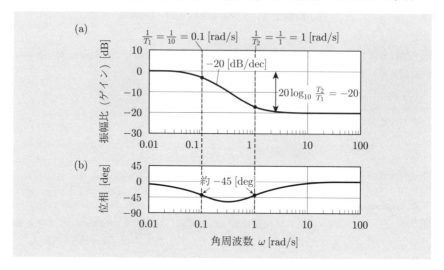

(a) 振幅比（ゲイン）線図　(b) 位相線図

■**7.2** 位相進み要素の振幅特性の特徴は，極低周波数では 0 dB で振幅比（ゲイン）が増加する過程では，+20 dB/dec（周波数が 10 倍になると振幅比が 10 倍になる）の傾きで増加する．よって，0.2 rad/s で 20 dB を要求されているので，その傾きから 0.2 rad/s の 1/10 の角周波数で増加し始めることが推測される．すなわち，0.02 rad/s の逆数である 50 s が分子の時定数 $T_2$ となる．+20 dB/dec の傾きで増加するはずであるから，0.02 rad/s の 100 倍の 2 rad/s では，すでに要求されている 40 dB に達している．これより高周波数で振幅比（ゲイン）の増加を必要としないので，高周波数側の時定数 $T_1$ は 2 rad/s の逆数である 0.5 s となる．伝達関数は次式となる．

$$G(s) = \frac{1+T_2 s}{1+T_1 s} = \frac{1+50s}{1+0.5s}$$

ボード線図で確認すると次図となる．

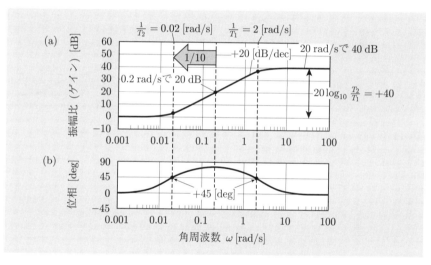

（a）振幅比（ゲイン）線図　（b）位相線図

## 8章

■**8.1** 与えられた伝達関数を，次のように基本要素の直列結合と考える．

$$G(s) = \frac{10}{(1+0.1s)(1+0.02s)}$$
$$= \underbrace{10}_{\text{比例要素}} \underbrace{\frac{1}{1+0.1s}}_{\text{一次遅れ}} \underbrace{\frac{1}{1+0.02s}}_{\text{一次遅れ}}$$

それぞれの要素のボード線図の概略図から，次の図のように求まる．

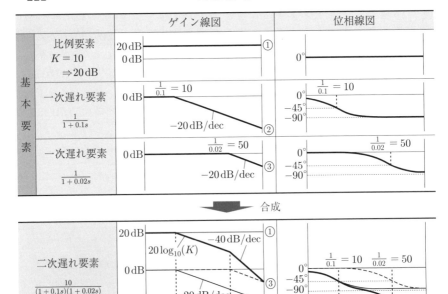

■ **8.2** 与えられた伝達関数を，次のように一般的な伝達関数の形に整え，その後，基本要素の直列結合と考える．

$$G(s) = \frac{5000}{(10+s)(50+s)}$$
$$= \frac{5000}{10\left(\frac{10}{10}+\frac{1}{10}s\right)\cdot 50\left(\frac{50}{50}+\frac{1}{50}s\right)}$$
$$= \frac{10}{(1+0.1s)(1+0.02s)}$$
$$= \underbrace{10}_{\text{比例要素}} \underbrace{\frac{1}{1+0.1s}}_{\text{一次遅れ}} \underbrace{\frac{1}{1+0.02s}}_{\text{一次遅れ}}$$

問 8.1 と同じ伝達関数となるので，同様にボード線図を合成すると良い．

■ **8.3** 与えられた伝達関数を，次のように基本要素の直列結合と考える．

$$G(s) = \frac{10(1+0.1s)}{s(1+0.02s)}$$
$$= \underbrace{10}_{\text{比例要素}} \underbrace{(1+0.1s)}_{\text{一次進み}} \underbrace{\frac{1}{s}}_{\text{積分}} \underbrace{\frac{1}{1+0.02s}}_{\text{一次遅れ}}$$

それぞれの要素のボード線図の概略図から，次の図のように求まる．

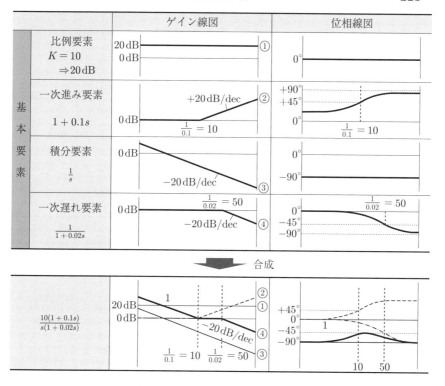

■**8.4** ゲイン曲線の極低周波数において $-20\,\text{dB/dec}$ の傾きを持つことと,位相角が $-90°$ であることから,積分要素がある.ゲイン曲線の傾きの変化をみると,$10\,\text{rad/s}$ で $-40\,\text{dB/dec}$,$100\,\text{rad/s}$ で $+20\,\text{dB/dec}$ の変化がみられ,$10\,\text{rad/s}$ で折れる二次遅れ系と,$100\,\text{rad/s}$ で折れる一次進み系があることが分かる.特に,二次遅れ系は一度に傾きが $-40\,\text{dB/dec}$ 変化するので,重極であることに注意する.また,全体のゲインを調整するために比例要素も入れておく.よって,比例,積分,二次遅れ(重極),一次遅れの 4 要素が直列に結合されているので,次式が得られる.

$$G(s) = \frac{K(1+T_2 s)}{s(1+T_1 s)^2} = \underbrace{K}_{\text{比例要素}} \underbrace{(1+T_2 s)}_{\text{一次進み}} \underbrace{\frac{1}{s}}_{\text{積分}} \underbrace{\frac{1}{(1+T_1 s)^2}}_{\text{二次遅れ(重極)}}$$

ゲイン曲線が折れる角周波数から,時定数を求める.$10\,\text{rad/s}$ で折れる二次遅れ系の時定数 $T_1$ については $T_1 = 1/10 = 0.1$ [s],$100\,\text{rad/s}$ で折れる一次進み系の時定数 $T_2$ については $T_2 = 1/100 = 0.01$ [s] となる.どちらの折れ点周波数も $1\,\text{rad/s}$ より高いので,$1\,\text{rad/s}$ におけるゲインが比例要素 $K$ となるので,$K = 6$ [dB] $= 2$ とな

**224** 問 題 解 答

る．よって，推測される伝達関数は以下の通りである．

$$G(s) = \frac{K(1+T_2 s)}{s(1+T_1 s)^2} = \frac{2(1+0.01s)}{s(1+0.1s)^2}$$

図解は次のとおり．

| | ゲイン線図 | |
|---|---|---|
| 未知の要素<br>① 極低周波数での<br>　ゲイン線図の傾<br>　きと位相角<br>②，③ゲイン線図の<br>　傾きの変化<br>④ 最終的なゲイン<br>　の決定 | | 極低周波数のゲイン曲線の傾きと<br>位相角 ⇒ 積分や微分要素の確認<br>ゲイン曲線が折れる角周波数 ⇒<br>時定数の決定<br>折れるときのゲイン曲線の傾きの<br>変化 ⇒ 負の増加は分母の次数，<br>正の増加は分子の次数 |

⬇ 分解

| | | | |
|---|---|---|---|
| 基本要素 | 積分要素<br>$\frac{1}{s}$ | | 極低周波数のゲイン曲線の傾き<br>と位相角 ⇒ 積分がある |
| | 二次遅れ要素<br>（重極）<br>$\frac{1}{(1+T_1 s)^2}$ | | ゲイン曲線が折れる角周波数 ⇒<br>10 rad/s なので時定数は 0.1 s<br>一度に −40 dB/dec 変化 ⇒ 分母<br>の次数が一度に 2 増える（重極） |
| | 一次進み要素<br>$1+T_2 s$ | | ゲイン曲線が折れる角周波数 ⇒<br>100 rad/s なので時定数は 0.01 s<br>+20 dB/dec 変化 ⇒ 分子の次数<br>が 1 増える |
| | 比例要素<br>$K$ | | 他の要素は 1 rad/s でゲインが<br>0 dB なので，1 rad/s のゲイン<br>が比例要素の値となる |

## 9章

**9.1** (1) 第 13 章で学修する (一次遅れ ＋ 積分) 系（一次遅れ系と積分系の直列
結合）の時間応答となる．

単位インパルス応答

$$y(t) = \mathcal{L}^{-1}\{Y(s)\} = \mathcal{L}^{-1}\left\{\frac{10}{s(s+5)} \cdot 1\right\} = \mathcal{L}^{-1}\left\{\frac{10}{s(s+5)}\right\}$$

$$= 10\mathcal{L}^{-1}\left\{\frac{1}{s(s+5)}\right\} = 10\mathcal{L}^{-1}\left\{\frac{A_1}{s} + \frac{A_2}{s+5}\right\} = 10\mathcal{L}^{-1}\left\{\frac{(A_1+A_2)s+5A_1}{s(s+5)}\right\}$$

分子の係数比較 $(A_1 + A_2)s + 5A_1 = 1$ より

$$\begin{cases} A_1 + A_2 = 0 \\ 5A_1 = 1 \end{cases} \Rightarrow A_1 = \tfrac{1}{5}, \ A_2 = -\tfrac{1}{5}$$

これを用いて，次式となる．

$$y(t) = 10\mathcal{L}^{-1}\left\{\tfrac{1}{5s} - \tfrac{1}{5(s+5)}\right\} = 2\mathcal{L}^{-1}\left\{\tfrac{1}{s} - \tfrac{1}{s+5}\right\} = 2(1 - e^{-5t})$$

## 単位ステップ応答

$$y(t) = \mathcal{L}^{-1}\{Y(s)\} = \mathcal{L}^{-1}\left\{\tfrac{10}{s(s+5)}\tfrac{1}{s}\right\} = \mathcal{L}^{-1}\left\{\tfrac{10}{s^2(s+5)}\right\}$$

$$= 10\mathcal{L}^{-1}\left\{\tfrac{1}{s^2(s+5)}\right\} = 10\mathcal{L}^{-1}\left\{\tfrac{A_1}{s} + \tfrac{A_2}{s^2} + \tfrac{A_3}{s+5}\right\}$$

$$= 10\mathcal{L}^{-1}\left\{\tfrac{(A_1+A_3)s^2+(5A_1+A_2)s+5A_2}{s^2(s+5)}\right\}$$

分子の係数比較 $(A_1 + A_3)s^2 + (5A_1 + A_2)s + 5A_2 = 1$ より

$$\begin{cases} A_1 + A_3 = 0 \\ 5A_1 + A_2 = 0 \\ 5A_2 = 1 \end{cases} \Rightarrow A_1 = -\tfrac{1}{25}, \ A_2 = \tfrac{1}{5}, \ A_3 = \tfrac{1}{25}$$

これを用いて，次式となる．

$$y(t) = 10\mathcal{L}^{-1}\left\{\tfrac{-1}{25s} + \tfrac{1}{5s^2} + \tfrac{1}{25(s+5)}\right\} = \tfrac{1}{25}\mathcal{L}^{-1}\left\{\tfrac{-10}{s} + \tfrac{50}{s^2} + \tfrac{10}{s+5}\right\}$$

$$= \tfrac{1}{25}\left(-10 + 50t + 10e^{-5t}\right) = 2t + \tfrac{2}{5}(e^{-5t} - 1)$$

(2) 伝達関数の分母に注意すると，$s^2 + 9 = 0$ からこの部分の極は実数とならない．そのため，ここを分解しないで部分分数に展開する．

## 単位インパルス応答

$$y(t) = \mathcal{L}^{-1}\{Y(s)\} = \mathcal{L}^{-1}\left\{\tfrac{3}{(s+5)(s^2+9)}\cdot 1\right\} = \mathcal{L}^{-1}\left\{\tfrac{3}{(s+5)(s^2+9)}\right\}$$

$$= 3\mathcal{L}^{-1}\left\{\tfrac{1}{(s+5)(s^2+9)}\right\} = 3\mathcal{L}^{-1}\left\{\tfrac{A_1}{s+5} + \tfrac{A_2(s+A_3)}{s^2+9}\right\}$$

$$= 3\mathcal{L}^{-1}\left\{\tfrac{(A_1+A_2)s^2+A_2(5+A_3)s+5A_2A_3+9A_1}{(s+5)(s^2+9)}\right\}$$

分子の係数比較 $(A_1 + A_2)s^s + A_2(5 + A_3)s + 5A_2A_3 + 9A_1 = 1$ より

$$\begin{cases} A_1 + A_2 = 0 \\ A_2(5 + A_3) = 0 \\ 5A_2A_3 + 9A_1 = 1 \end{cases} \Rightarrow A_1 = \tfrac{1}{34}, \ A_2 = -\tfrac{1}{34}, \ A_3 = -5$$

これを用いて，次式となる．

$$y(t) = 3\mathcal{L}^{-1}\left\{\tfrac{1}{34}\tfrac{1}{s+5} - \tfrac{1}{34}\tfrac{(s-5)}{s^2+9}\right\} = 3\mathcal{L}^{-1}\left\{\tfrac{1}{34}\tfrac{1}{s+5} + \tfrac{5}{34}\tfrac{1}{3}\tfrac{3}{s^2+3^2} - \tfrac{1}{34}\tfrac{s}{s^2+3^2}\right\}$$

$$= \tfrac{1}{34}\left(3e^{-5t} + 5\sin 3t - 3\cos 3t\right)$$

**226**　　　　　　　　　　　　　　問 題 解 答

単位ステップ応答

$$y(t) = \mathcal{L}^{-1}\{Y(s)\} = \mathcal{L}^{-1}\left\{\frac{3}{(s+5)(s^2+9)}\frac{1}{s}\right\} = \mathcal{L}^{-1}\left\{\frac{3}{s(s+5)(s^2+9)}\right\}$$

$$= 3\mathcal{L}^{-1}\left\{\frac{1}{s(s+5)(s^2+9)}\right\} = 3\mathcal{L}^{-1}\left\{\frac{A_1}{s} + \frac{A_2}{s+5} + \frac{A_3(s+A_4)}{s^2+9}\right\}$$

$$= 3\mathcal{L}^{-1}\left\{\frac{(A_1+A_2+A_3)s^3+(5A_1+A_3(5+A_4))s^2}{s(s+5)(s^2+3^2)} + \frac{(9A_1+9A_2+5A_3A_4)s+45A_1}{s(s+5)(s^2+3^2)}\right\}$$

分子の係数比較より

$$\begin{cases} A_1 + A_2 + A_3 = 0 \\ 5A_1 + A_3(5+A_4) = 0 \\ 9A_1 + 9A_2 + 5A_3A_4 = 0 \\ 45A_1 = 1 \end{cases}$$

$$\Rightarrow \quad A_1 = \frac{1}{45}, \ A_2 = \frac{-1}{170}, \ A_3 = \frac{-5}{306}, \ A_4 = \frac{9}{5}$$

これを用いて，次式となる．

$$y(t) = 3\mathcal{L}^{-1}\left\{\frac{1}{45}\frac{1}{s} - \frac{1}{170}\frac{1}{s+5} - \frac{5}{306}\left(s+\frac{9}{5}\right)\frac{1}{s^2+3^2}\right\}$$

$$= 3\mathcal{L}^{-1}\left\{\frac{1}{45}\frac{1}{s} - \frac{1}{170}\frac{1}{s+5} - \frac{5}{306}\frac{s}{s^2+3^2} - \frac{5}{306}\frac{9}{5}\frac{1}{3}\frac{3}{s^2+3^2}\right\}$$

$$= \frac{1}{15} - \frac{3}{170}e^{-5t} - \frac{1}{102}\cos 3t - \frac{3}{34}\sin 3t$$

■**9.2**　**一次遅れ液面系**は制御の教科書には必ず出てくる，一次遅れ系の代表的存在．また，非線形特性の線形化の例としても，頻出である．

　最初平衡状態にある液面系は，一定流量の流入水量に対して同一の流量で流出し，断面積 $A$ のタンクの水位は一定に保たれている．この状態から流入流量が $q_0$ 変化したときの流出水量の変化 $q_1$ を考える．流入水量と流出水量の差が液位を変化させるので，微小時間 $dt$ 間の液位変化 $dh$ は以下の式で与えられる．

$$dh_1 = \frac{q_0\,dt - q_1\,dt}{A} \quad \Rightarrow \quad A\frac{dh_1}{dt} = q_0 - q_1$$

ベルヌーイの定理から，液位 $h_1$ と流出速度 $v_1$ との関係は $\sqrt{2gh_1}$ となる．よって，流出流量 $q_1$ は流量係数を $C$ とすると，$q_1 = A_{\text{out}}C\sqrt{2gh_1}$ となる．この関係を用いると，次式が得られる．

$$A\frac{dh_1}{dt} = q_0 - A_{\text{out}}C\sqrt{2gh_1} \quad \Rightarrow \quad A\frac{dh_1}{dt} + A_{\text{out}}C\sqrt{2gh_1} = q_0$$

この微分方程式は非線形なので，適当な平衡点周りで線形化する．平衡点において，水位 $h_1^*$，流入水量 $q_0^*$，流出水量 $q_1^*$ であり，この平衡点からの変化分を考えることによって，水位 $h_1 = h_1^* + \tilde{h}_1$，流入水量 $q_0 = q_0^* + \tilde{q}_0$，流出水量 $q_1 = q_1^* + \tilde{q}_1$ と考える．

# 問題解答

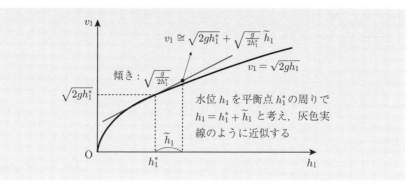

図のように，平衡点 $h_1^*$ での曲線の傾き $\sqrt{g/2h_1^*}$ と値 $v_1 = \sqrt{2gh_1^*}$ を用いて，平衡点での曲線の接線を引いて線形化する．よって，線形化後の流出速度 $v_1$ は次式で表される．

$$v_1 = \sqrt{2gh_1} \simeq \sqrt{2gh_1^*} + \sqrt{\frac{g}{2h_1^*}} \widetilde{h}_1$$

微分方程式に平衡点周りの関係を代入し，平衡点の値は変化がないとして整理すると，次式となる．

$$A \frac{dh_1}{dt} + A_{\text{out}} C \sqrt{2gh_1} = q_0$$

$$A \frac{d}{dt}(h_1^* + \widetilde{h}_1) + A_{\text{out}} C \left( \sqrt{2gh_1^*} + \sqrt{\frac{g}{2h_1^*}} \widetilde{h}_1 \right) = q_0^* + \widetilde{q}_0$$

$$A \frac{d}{dt}(h_1^* + \widetilde{h}_1) + \underbrace{A_{\text{out}} C \sqrt{2gh_1^*}}_{= q_1^* = q_0^*} + A_{\text{out}} C \sqrt{\frac{g}{2h_1^*}} \widetilde{h}_1 = q_0^* + \widetilde{q}_0$$

$$A \frac{d\widetilde{h}_1}{dt} + A_{\text{out}} C \sqrt{\frac{g}{2h_1^*}} \widetilde{h}_1 = \widetilde{q}_0$$

$$\frac{A}{A_{\text{out}} C} \sqrt{\frac{2h_1^*}{g}} \frac{d\widetilde{h}_1}{dt} + \widetilde{h}_1 = \frac{1}{A_{\text{out}} C} \sqrt{\frac{2h_1^*}{g}} \widetilde{q}_0$$

ここで，制御工学では平衡点からの変化を考えているので，改めて平衡点からの水位変化 $\widetilde{h}_1$ を $h_1(t)$，流入水量の変化 $\widetilde{q}_0$ を $q_0(t)$，流出水量の変化 $\widetilde{q}_1$ を $q_1(t)$ とおくと，以下の微分方程式が得られる．

$$\frac{A}{A_{\text{out}} C} \sqrt{\frac{2h_1^*}{g}} \frac{dh_1(t)}{dt} + h_1(t) = \frac{1}{A_{\text{out}} C} \sqrt{\frac{2h_1^*}{g}} q_0(t)$$

$$T \frac{dh_1(t)}{dt} + h_1(t) = K q_0(t)$$

ただし，タンクの初期水位を $h_1^*$ として

$$T = \frac{A}{A_{\text{out}} C} \sqrt{\frac{2h_1^*}{g}}, \quad K = \frac{1}{A_{\text{out}} C} \sqrt{\frac{2h_1^*}{g}}$$

**228**　　　　　　　　　　　　問 題 解 答

この微分方程式の両辺をラプラス変換してすべての初期値を $0$ と置き，$H_1(s)$ と $Q_0(S)$ でまとめ，$G(s) = H_1(s)/Q_0(s)$ の形に変形する．

$$G(s) = \frac{H_1(s)}{Q_0(s)} = \frac{K}{1+Ts}$$

ただし

$$T = \frac{A}{A_{\mathrm{out}}\,C}\sqrt{\frac{2h_1^*}{g}}, \quad K = \frac{1}{A_{\mathrm{out}}\,C}\sqrt{\frac{2h_1^*}{g}}$$

以上のように，一次遅れ系となることが分かる．単位インパルス応答，単位ステップ応答については，9.2 節に記述してあるので参考にして，各自解いてみること．

タンクが $2$ つ並んでいる系については，$1$ 番目のタンクの流出水量 $q_1(t)$ が $2$ 番目のタンクの入力になっていることから，伝達関数の考え方を用いて以下のように考えることができる．

$1$ 番目のタンクを表すために添え字 $1$ を，$2$ 番目のタンクを表すために添え字 $2$ を付けて表す．それぞれの伝達関数は，次式となる．

$$\begin{cases} G_1(s) = \dfrac{H_1(s)}{Q_0(s)} = \dfrac{K_1}{1+T_1 s} & \left( T_1 = \dfrac{A}{A_{\mathrm{out}}\,C}\sqrt{\dfrac{2h_1^*}{g}},\ K_1 = \dfrac{1}{A_{\mathrm{out}}\,C}\sqrt{\dfrac{2h_1^*}{g}} \right) \\[4mm] G_2(s) = \dfrac{H_2(s)}{Q_1(s)} = \dfrac{K_2}{1+T_2 s} & \left( T_2 = \dfrac{A}{A_{\mathrm{out}}\,C}\sqrt{\dfrac{2h_2^*}{g}},\ K_2 = \dfrac{1}{A_{\mathrm{out}}\,C}\sqrt{\dfrac{2h_2^*}{g}} \right) \end{cases}$$

タンク $1$ の水位変化 $h_1(t)$ と流出水量の変化 $q_1(t)$ より，タンク $2$ への流入水量変化は

$$q_1(t) = A_{\mathrm{out}}\,C\sqrt{\frac{g}{2h_1^*}}\,h_1(t)$$

となる．両辺をラプラス変換すると，次式となる．

$$Q_1(s) = A_{\mathrm{out}}\,C\sqrt{\frac{g}{2h_1^*}}\,H_1(s)$$

よって

$$\begin{cases} G_1(s) = \dfrac{H_1(s)}{Q_0(s)} = \dfrac{K_1}{1+T_1 s} \\[3mm] G_2(s) = \dfrac{H_2(s)}{Q_1(s)} = \dfrac{K_2}{1+T_2 s} \\[3mm] Q_1(s) = A_{\mathrm{out}}\,C\sqrt{\dfrac{g}{2h_1^*}}\,H_1(s) \end{cases}$$

から，入力をタンク $1$ への流入水量変化 $Q_0(s)$，出力をタンク $2$ の水位変化 $H_2(s)$ とする伝達関数 $G(s)$ は，以下で求まる．

$$\begin{aligned} G(s) &= \frac{H_2(s)}{Q_0(s)} = \frac{Q_1(s)}{Q_0(s)}\frac{H_2(s)}{Q_1(s)} = \frac{A_{\mathrm{out}}\,C\sqrt{\frac{g}{2h_1^*}}\,H_1(s)}{Q_0(s)}\frac{H_2(s)}{Q_1(s)} \\[3mm] &= \frac{A_{\mathrm{out}}\,C\sqrt{\frac{g}{2h_1^*}}\,K_1}{1+T_1 s}\frac{K_2}{1+T_2 s} \\[3mm] &= \frac{K_2}{(1+T_1 s)(1+T_2 s)} \quad \left( \because\ K_1 = \frac{1}{A_{\mathrm{out}}\,C}\sqrt{\frac{2h_1^*}{g}} \right) \end{aligned}$$

問題解答　　　　**229**

ただし

$$T_1 = \frac{A}{A_{\text{out}}\,C}\sqrt{\frac{2h_1^*}{g}}, \quad T_2 = \frac{A}{A_{\text{out}}\,C}\sqrt{\frac{2h_2^*}{g}},$$

$$K_2 = \frac{1}{A_{\text{out}}\,C}\sqrt{\frac{2h_2^*}{g}}$$

ここで，2つのタンクがまったく同じであるとすると，平衡点では

$$h_1^* = h_2^* \equiv h^*$$

の関係が成り立つので，重極を持つ二次遅れ系となる．

$$G(s) = \frac{H_2(s)}{Q_0(s)} = \frac{K}{(1+Ts)^2}$$

ただし

$$T = \frac{A}{A_{\text{out}}\,C}\sqrt{\frac{2h^*}{g}}, \quad K = \frac{1}{A_{\text{out}}\,C}\sqrt{\frac{2h^*}{g}}$$

単位インパルス応答，単位ステップ応答については，例題 9.2 を参考にして，各自解いてみること．また，先の一次遅れタンク系の演習問題の解答を参考にして，例題 9.2 のように解くことも可能である．その結果は，先の結果と同一となる．

## 10 章

**■10.1**　特性方程式を解いて極を求め，その実部が負となるようにゲイン定数 $K$ を定めることもできるが，4 次方程式を解くことは困難なので，極を求めることなく安定判別法を用いて考える．特性方程式 $s^4 + 20Ks^3 + 5s^2 + (10+K)s + 15 = 0$ をフルビッツの安定判別法で判別する．

　まず，すべての係数が存在し，同一符号であるためには，$20K > 0,\ 10+K > 0$ より $K > 0$ である必要がある．特性方程式は 4 次なのでフルビッツ行列式は 3 次まで求める．3 次のフルビッツ行列式は，次式となる．

$$\begin{vmatrix} 20K & 10+K & 0 \\ 1 & 5 & 15 \\ 0 & 20K & 10+K \end{vmatrix} = 100K(10+K) - (10+K)^2 - 6000K^2$$

$$= -5901K^2 + 980K - 100 > 0$$

$K = 0$ のときの 3 次の行列式の値は $-100$ となり，また行列式の判別式 $D$ が負となり実根を持たないことから，この行列式が正になることがないため，この系はいかなる $K$ を選んでも不安定になる．

**■10.2**　フィードバック制御系をまとめた閉ループ伝達関数 $W(s)$ は

$$W(s) = \frac{K}{s^3 + 6s^2 + 5s + K}$$

であるので，フルビッツの安定判別法を用いて $K$ の範囲を定める．

**230**　　　　　　　　　　　問 題 解 答

まず，すべての係数が存在し，同一符号であるためには，$K > 0$ である必要がある．特性方程式は 3 次なのでフルビッツ行列式は 2 次まで求める．2 次のフルビッツ行列式は，次式となり，$K < 30$ の範囲で系は安定となる．

$$\begin{vmatrix} 6 & K \\ 1 & 5 \end{vmatrix} = 30 - K > 0$$
$$\Rightarrow \quad K < 30$$

■**10.3**　フィードバック制御系をまとめた閉ループ伝達関数 $W(s)$ は

$$W(s) = \frac{K}{Ts^3 + s^2 + K}$$

フルビッツの安定判別法を用いて，$K$ の範囲を定める．まず，すべての係数が存在しない（$s$ の 1 次の項がない）ので，この系は安定にできない．

■**10.4**　問 10.3 の系のフィードバックループの内側に速度フィードバックループを付加することによって，$s$ の 1 次の項を増やして安定化する．

内側にある速度フィードバック制御系をまとめた閉ループ伝達関数 $W_{\mathrm{v}}(s)$ は

$$W_{\mathrm{v}}(s) = \frac{K}{Ts^3 + s^2 + K_{\mathrm{v}} K s}$$

となり，これを囲む外側の主フィードバック制御系の閉ループ伝達関数 $W(s)$ は

$$W(s) = \frac{K}{Ts^3 + s^2 + K_{\mathrm{v}} K s + K}$$

となるので，フルビッツの安定判別法を用いて $K$ の範囲を定める．

まず，すべての係数が存在し，同一符号であるためには，$K > 0$ である必要がある．特性方程式は 3 次なので，フルビッツ行列式を 2 次まで求める．

$$\begin{vmatrix} 1 & K \\ T & K_{\mathrm{v}} K \end{vmatrix} = K_{\mathrm{v}} K - KT = K(K_{\mathrm{v}} - T) > 0 \quad \Rightarrow \quad K > 0,\ K_{\mathrm{v}} > T$$

$K > 0, K_{\mathrm{v}} > T$ の範囲で系は安定となる．

## 11章

■**11.1**　開ループ伝達関数（一巡伝達関数）$G_{\mathrm{o}}(s) = \frac{K}{s(0.5+1)(0.2s+1)}$，制御対象 $G_{\mathrm{P}}(s) = \frac{K}{s(0.5s+1)(0.2s+1)}$ であるとき

(1)　ランプ入力に対する定常速度偏差を 0.1 以内

(2)　位相余有を 45° 以上

とするように位相進み要素を用いて制御系を設計する．

まず，補償前の制御系の特性を調べるために，位相進み補償器を用いずにユニティーフィードバック系を構成したとして，与えられた定常特性を満足する比例ゲイン $K_{\mathrm{c}}$ を求める．ユニティーフィードバック系を構成し，入力に対する偏差 $E(s)$ の伝達関数 $G_E(s)$ は，以下となる．

$$G_E(s) = \frac{1}{1+G_P(s)}$$
$$= \frac{s(s^2+7s+10)}{s^3+7s^2+10s+10K}$$

入力をランプ入力 $\frac{1}{s^2}$ として定常速度偏差 $e(\infty)$ を求める.

$$e(\infty) = \mathcal{L}^{-1}\left[\left\{\frac{s(s^2+7s+10)}{s^3+7s^2+10s+10K_c}\right\}\frac{1}{s^2}\right]$$
$$= \frac{1}{K_c}$$

設計仕様より $e(\infty) = 1/K_c \leq 0.1$ なので,$K_c \geq 10 = 20$ [dB] となる.

① ここで,一旦,$K = 10$ として制御対象 $G_P(s)$ のボード線図を描き,補償前の位相余有を求める.図中の黒破線のゲイン線図は $K = 1$ とした制御対象のものであり,定常速度偏差をなくすために $K = 10$ としたことにより上方へ 20 dB 移動した実線となっている.

② そのゲイン交点(2.3 rad/s)の位相角より位相余有は 14° であることが分かり,求められている位相余有 45° への不足分 31° が求まる.

③ 余裕をみて位相補償の不足分を 45° としてみる.これを用いて

$$\frac{T_2-T_1}{T_1+T_2} = \sin 45°$$

から $T_1$, $T_2$ の比が以下のように求まる.

$$\frac{T_2}{T_1} = \frac{1+\sin 45°}{1-\sin 45°}$$
$$= 5.8$$

④ $T_1$, $T_2$ の比より,高周波数域での位相進み要素のゲイン増加量が求まる.

$$20\log_{10}\sqrt{\frac{T_2}{T_1}} = 20\log_{10}\sqrt{5.8}$$
$$= 7.63$$

よって,黒実線のゲイン曲線の $-7.63$ dB を与える点が補償後のゲイン交点 $\omega_m$ となるので,$\omega_m = 3.25$ [rad/s] が新たなゲイン交点となり,次の式が得られる.

$$\frac{1}{\sqrt{T_1 T_2}} = 3.25$$

これらの関係から

$$T_1 = 0.13, \quad T_2 = 0.76$$

が得られる.

ここで,再び制御対象の $\omega_m = 3.25$ [rad/s] での位相余有を確認すると,設計仕様を満足していることが分かる.

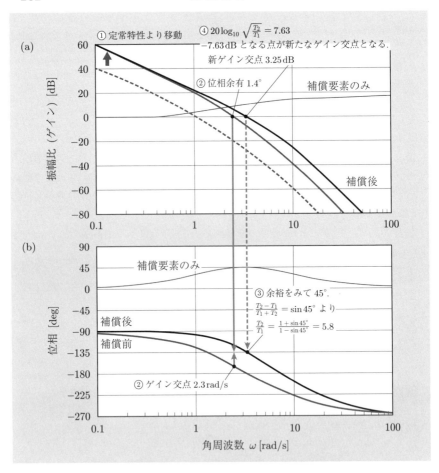

(a) 振幅比（ゲイン）線図　(b) 位相線図

■**11.2** 開ループ伝達関数（一巡伝達関数）$G_\text{o}(s) = \frac{K}{s(0.5+1)(0.2s+1)}$，制御対象 $G_\text{P}(s) = \frac{K}{s(0.5s+1)(0.2s+1)}$ であるとき
  (1) ランプ入力に対する定常速度偏差を 0.1 以内
  (2) 位相余有を $45°$ 以上
とするように位相遅れ要素を用いて制御系を設計する．

まず，補償前の制御系の特性を調べるために，位相進み補償器を用いずにユニティーフィードバック系を構成したとして，与えられた定常特性を満足する比例ゲイン $K_\text{c}$

を求める. 入力に対する偏差 $E(s)$ の伝達関数 $G_E(s)$ は, 以下となる.

$$G_E(s) = \frac{1}{1+G_P(s)}$$
$$= \frac{s(s^2+7s+10)}{s^3+7s^2+10s+10K}$$

入力をランプ入力 $1/s^2$ として定常速度偏差 $e(\infty)$ を求める.

$$e(\infty) = \mathcal{L}^{-1}\left[\left\{\frac{s(s^2+7s+10)}{s^3+7s^2+10s+10K_c}\right\}\frac{1}{s^2}\right]$$
$$= \frac{1}{K_c}$$

設計仕様より $e(\infty) = 1/K_c \leq 0.1$ なので, $K_c \geq 10 = 20$ [dB] となる.

① ここで, 一旦, $K = 10$ として制御対象 $G_P(s)$ のボード線図を描き, 補償前の位相余有を求める. 図中の黒破線のゲイン線図は $K = 1$ とした制御対象のものであり, 定常速度偏差をなくすために $K = 10$ としたことにより上方へ $20$ dB 移動した実線となっている.

② 位相余有が $45°$ となる角周波数, すなわち, 設計時にゲイン交点とする角周波数は, $1.25$ rad/s となる. 余裕をみてこの角周波数よりゲイン交点 $\omega_p$ を小さく設定する. ここでは, $\omega_p = 1$ [rad/s] と定める.

③ 未補償の系のゲイン線図より, 新たに定めたゲイン交点 ($\omega_p = 1$ [rad/s]) におけるゲインが $18.9$ dB であることが読み取れるので, 減少させるべきゲインは $18.9$ dB と求まる. $T_1$, $T_2$ の比とゲインの減少量との関係を用いて

$$-20\log_{10}\sqrt{\frac{T_2}{T_1}} = 18.9 \text{ [dB]}$$

から $T_1$, $T_2$ の比が以下のように求まる.

$$\frac{T_2}{T_1} = 0.013$$

④ 位相曲線を全体的に低周波数域へずらし, ゲイン交点より高周波数域での位相遅れの影響を小さくするため,

$$\frac{1}{T_2} < \frac{\omega_g}{10} = \frac{1}{10}$$

として, $T_2 > 10$ より $T_2 = 10$ [s] とする.

⑤ また, $T_1$, $T_2$ の比より, $T_1 = 769$ [s] とする.

ここで, 再び, 制御対象の $\omega_p = 1$ [rad/s] での位相余有を確認すると, 設計仕様を満足していることが分かる.

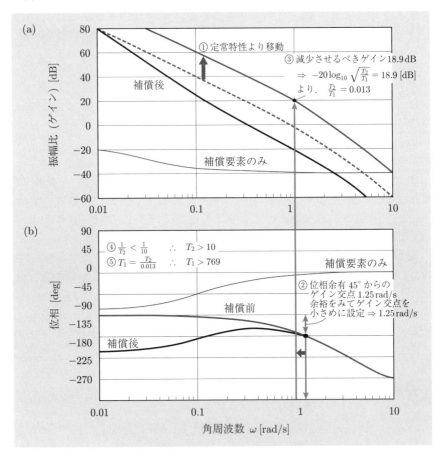

(a) 振幅比（ゲイン）線図　(b) 位相線図

# 12章

## 12.1

$$G_o(s) = \frac{K}{(s+1)(0.25s+1)(0.1s+1)}$$
$$= \frac{40K}{(s+1)(s+4)(s+10)}$$

となるので，極は $-1, -4, -10$ の3点，分子に $s$ がないのでゼロ点は存在しない．よって，$n=3, m=0$ である．

$n=3, m=0$ なので軌跡の本数は $n=3$ で 3 本で,その始点は極の座標 $(-1,0)$, $(-4,0)$, $(-10,0)$ となる.ゼロ点がないので軌跡の終点はなく,3 本とも無限遠点へ行く.根軌跡の描き方の⑧を参考に,実軸上の軌跡を決定する.極 $(-1,0)$ の右側には極もゼロ点もないので軌跡ではない.$(-1,0)$ と $(-4,0)$ の区間は右側に極(またはゼロ点)が 1 つあるので軌跡となる.$(-4,0)$ と $(-10,0)$ の区間は右側に極(またはゼロ点)が 2 つあるので軌跡ではなく,$(-10,0)$ の左の区間は右側に極(またはゼロ点)が 3 つあるので軌跡となり,無限遠点へ達する.残りの 2 本の軌跡は,極 $(-1,0)$ と極 $(-4,0)$ から出発し,それぞれに向かい合って動いた後,実軸から離れて無限遠点へ達する.軌跡が実軸から離れる点は,以下で求まる.

$$\frac{1}{s+1} + \frac{1}{s+4} + \frac{1}{s+10} = \frac{(s+1)(s+4)+(s+1)(s+10)+(s+4)(s+10)}{(s+1)(s+4)(s+10)}$$
$$= \frac{3s^2+30s+54}{(s+1)(s+4)(s+10)}$$
$$\Rightarrow s_1 = -5 - \sqrt{7}, \quad s_2 = -5 + \sqrt{7}$$

この 2 つの点のうち,$(-5-\sqrt{7}, 0)$ は実軸上の軌跡にないので,軌跡は $(-5+\sqrt{7}, 0)$ から実軸を離れることが分かる.また,その実軸から離れた軌跡の漸近線の傾きは,次式で求まる.

$$\frac{\pi \pm 2h\pi}{n-m} = \frac{\pi \pm 2h\pi}{3-0} = \frac{\pi}{3} \quad (h=0 \text{ として})$$

根軌跡は実軸対称なので,$-\pi/3$ も傾きとなる.これら 2 本の漸近線の交点は,次式で与えられる.

$$\frac{1}{n-m}\left(\sum_{i=1}^{n} p_i - \sum_{k=1}^{m} z_i\right) = \frac{1}{3}\{(-10)+(-4)+(-1)\} = -2$$

よって,点 $(-2,0)$ で 2 本の漸近線は交差する.これらのことと,根軌跡の概略図を参考にしながら描くと,次の根軌跡が得られる.

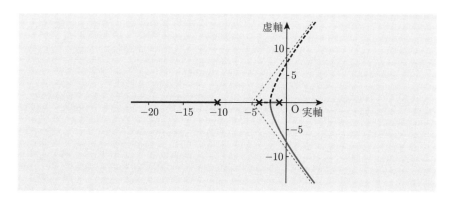

■**12.2** 極は $-1, -2, -4$ の 3 点，ゼロ点は $-3$ の 1 点．よって，$n = 3, m = 1$ である．

$n = 3, m = 1$ なので軌跡の本数は $n = 3$ で 3 本で，その始点は極の座標 $(-1, 0)$，$(-2, 0)$，$(-4, 0)$ となる．ゼロ点が 1 つあるので軌跡の中の 1 本は終点を持ち，2 本は無限遠点へ行く．根軌跡の描き方の⑧を参考に，実軸上の軌跡を決定する．極 $(-1, 0)$ の右側には極もゼロ点もないので軌跡ではない．$(-1, 0)$ と $(-2, 0)$ の区間は軌跡となる．$(-2, 0)$ と $(-3, 0)$ の区間は軌跡ではなく，$(-3, 0)$ と $(-4, 0)$ の区間は軌跡となる．$(-4, 0)$ の左の区間は軌跡ではない．極 $(-2, 0)$ と極 $(-4, 0)$ から出発する 2 本の軌跡は，それぞれに向かい合って動いた後，実軸から離れて無限遠点へ達する．軌跡が実軸から離れる点は，以下で求まる．

$$\frac{1}{s+1} + \frac{1}{s+2} + \frac{1}{s+4} = \frac{(s+2)(s+4)+(s+1)(s+4)+(s+1)(s+2)}{(s+1)(s+2)(s+4)} = \frac{3s^2+14s+14}{(s+1)(s+2)(s+4)}$$

$$\Rightarrow \quad s_1 = \frac{-7-\sqrt{7}}{3}, \quad s_2 = \frac{-7+\sqrt{7}}{3}$$

この 2 つの点のうち，$(\frac{-7-\sqrt{7}}{3}, 0)$ は実軸上の軌跡にないので，軌跡は $(\frac{-7+\sqrt{7}}{3}, 0)$ から実軸を離れることが分かる．また，その実軸から離れた軌跡の漸近線の傾きは，次式で求まる．

$$\frac{\pi \pm 2h\pi}{n-m} = \frac{\pi \pm 2h\pi}{3-1} = \frac{\pi}{2} \quad (h = 0 \text{ として})$$

根軌跡は実軸対称なので，$-\pi/2$ も傾きとなる．これら 2 本の漸近線の交点は，次式で与えられる．

$$\frac{1}{n-m}\left(\sum_{i=1}^{n} p_i - \sum_{k=1}^{m} z_i\right) = \frac{1}{2}\{(-4)+(-2)+(-1)-(-3)\} = -2$$

よって，点 $(-2, 0)$ で 2 本の漸近線は交差する．これらのことと，根軌跡の概略図を参考にしながら描くと，次の根軌跡が得られる．

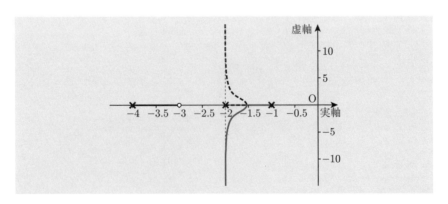

■**12.3** 極は 0, −1, −2 の 3 点，ゼロ点は $-1/T$ の 1 点．よって，$n = 3, m = 1$ である．

$n = 3, m = 1$ なので軌跡の本数は $n = 3$ で 3 本で，その始点は極の座標 $(0,0)$, $(-1,0)$, $(-2,0)$ となる．ゼロ点が 1 つあるので軌跡の中の 1 本は終点を持ち，2 本は無限遠点へ行く．以下，問 12.1, 12.2 と同様にして $T = 2, 2/3, 1/3$ とした根軌跡を描くと以下のようになる．

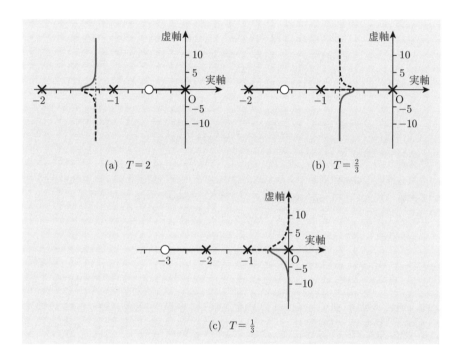

3 つの根軌跡を比較することによって，以下のようなことが分かる．

- いずれの条件にしても，系が不安定になることはない．
- いずれの条件にしても，$K$ が小さいときには振動的ではないが，$K$ がある程度の大きさになると振動的になる．
- 振動的になった状態で $K$ の増加が進むと，極の実部が漸近線に沿い，減衰特性に変化がなくなる．
- $T$ が小さくなると，振動的になった状態での実部が虚軸へ近づき，減衰特性が悪化する．

- 特に，$T = 1/3$ の場合，$K$ の増加によって実部が虚軸に沿うため，減衰特性がほぼなく定常振動に近い減少が発生すると考えられる．

第10章の極とモードの関係図から他にも考察できることがあれば，記述してみよう．

## 13章

■**13.1** 例題 11.1 において，位相進み要素を用いて制御系を構成した結果

$$制御対象\ G_\mathrm{P}(s) = \frac{100}{s(1+0.05s)}, \quad 調節器\ G_\mathrm{C}(s) = \frac{1+0.03s}{1+0.01s}$$

となった．そこで，調節器と制御対象が直列結合している系に対して，ユニティーフィードバック系を構成すると，閉ループ伝達関数 $W(s)$ は以下となる．

$$\begin{aligned} W(s) &= \frac{G_\mathrm{C}(s)G_\mathrm{P}(s)}{1+G_\mathrm{C}(s)G_\mathrm{P}(s)} \\ &= \frac{\frac{1+0.03s}{1+0.01s}\frac{100}{s(1+0.05s)}}{1+\frac{1+0.03s}{1+0.01s}\frac{100}{s(1+0.05s)}} \\ &= \frac{6000s+200000}{s^3+120s^2+8000s+200000} \end{aligned}$$

過渡応答 $y(t)$ を求めるため，$y(t) = \mathcal{L}^{-1}\{Y(s)\}$ として求めていければ良いが，分母を因数分解することが困難であるため，第12章と同様，数値計算ソフト Scilab を用いて応答を求める．Scilab を起動したら，さらに Xcos を起動させる．新たなウインドウが2つ開き，グラフィカルなプログラミングが可能となる．ステップ応答のプログラム例を次に示す．

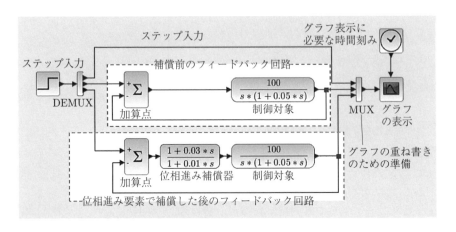

上の図に示すプログラミングをした結果を，次の図に示す．

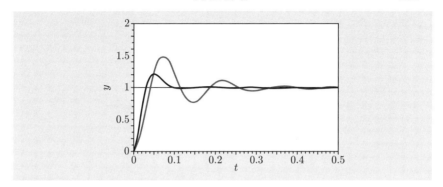

補償回路を付加すること（黒実線）によって，立ち上がり時間が早くなり，オーバーシュート量が減り，整定時間が短くなっていることが分かる．

例題 11.2 において，位相遅れ要素を用いて制御系を構成した結果

$$制御対象\ G_{\mathrm{P}}(s) = \frac{100}{s(1+0.05s)}, \quad 調節器\ G_{\mathrm{C}}(s) = \frac{1+0.03s}{1+0.01s}$$

となった．そこで，調節器と制御対象が直列結合している系に対して，ユニティーフィードバック系を構成すると，閉ループ伝達関数 $W(s)$ は以下となる．

$$W(s) = \frac{G_{\mathrm{C}}(s)G_{\mathrm{P}}(s)}{1+G_{\mathrm{C}}(s)G_{\mathrm{P}}(s)} = \frac{\frac{1+0.68s}{1+3.33s}\frac{100}{s(1+0.05s)}}{1+\frac{1+0.68s}{1+3.33s}\frac{100}{s(1+0.05s)}}$$
$$= \frac{136000s+200000}{333s^3+6760s^2+138000s+200000}$$

先と同様に，数値計算ソフト Scilab を用いて応答を求める．ステップ応答のプログラム例を次に示す．

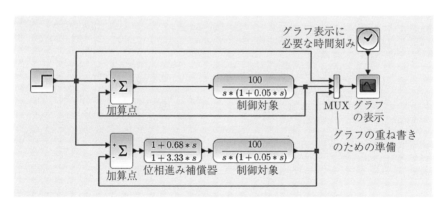

上の図に示すプログラミングをした結果を，次の図に示す．

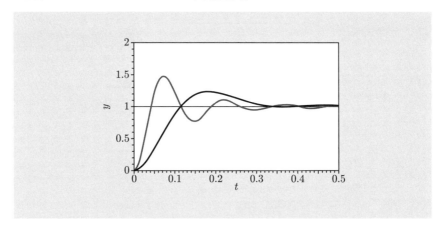

位相遅れ補償回路を付加すること（黒実線）によって，立ち上がり時間が遅くなり，オーバーシュート量が減り，整定時間は長くなっているが，振動周波数は減っていることが分かる．

■**13.2** 応答の計算は，問 13.1 と同様に Scilab を用い，以下は計算過程を省く．
問 11.1

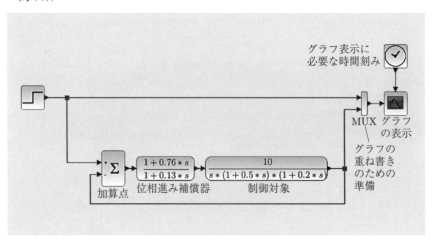

上の図に示すプログラミングをした結果を，次の図に示す．

問 題 解 答

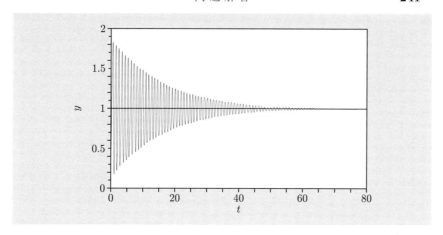

問 11.2

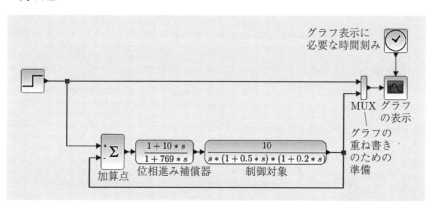

上の図に示すプログラミングをした結果を，次の図に示す．

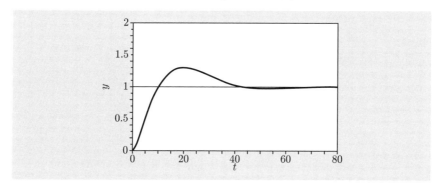

■13.3 振動的な二次遅れ系を一次進み要素の直列結合で補償するユニティーフィードバック系では，一巡伝達関数 $G_o(s)$ は

$$G_o(s) = \frac{K(1+Ts)}{s^2+2\zeta\omega_n s+\omega_n^2}$$

となり，根軌跡は**図 12.3** より，次図となる．

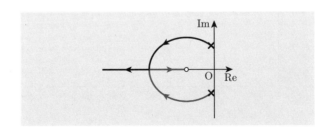

$K$ が小さい場合には，元の二次遅れ系の固有角振動数近くで振動する系となるが，$K$ の増加に従って徐々に固有角振動数が減少し，減衰も大きくなって，ついには振動しなくなる．さらに $K$ が増加すると代表極（最も虚軸に近い極）はゼロ点へと近づく．ゼロ点は $-1/T$ であるので，一次進み要素の時定数 $T$ が大きい場合には虚軸方向へゼロ点の位置がずれるので，再び減衰特性は悪化する．最も減衰特性が良くなる条件は，2 本の軌跡が実軸上で交差して重極を与える点である．

■13.4 問題の制御系を図示すると，次図となる．

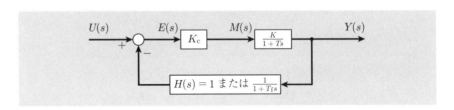

$H(s) = 1$ のとき閉ループ伝達関数 $W(s)$ は

$$W(s) = \frac{G(s)}{1+G(s)} = \frac{\frac{KK_c}{1+Ts}}{1+\frac{KK_c}{1+Ts}} = \frac{KK_c}{1+KK_c+Ts}$$

この系のステップ応答を考えたとき，その最終値は次式で求まる．

$$\begin{aligned}y(\infty) &= \lim_{s \to 0} sY(s) \\ &= \lim_{s \to 0} s\left(\frac{KK_c}{1+KK_c+Ts}\right)\frac{1}{s} = \lim_{s \to 0} \frac{KK_c}{1+KK_c+Ts} = \frac{KK_c}{1+KK_c}\end{aligned}$$

$K_c$ が増加すると最終値 $y(\infty)$ が 1 に近づくことが分かる．

問 題 解 答　　　**243**

$H(s) = 1/(1 + T_\mathrm{f} s)$ のとき閉ループ伝達関数 $W(s)$ は

$$W(s) = \frac{G(s)}{1 + G(s)H(s)} = \frac{\frac{KK_c}{1+Ts}}{1 + \frac{KK_c}{1+Ts}\frac{1}{1+T_\mathrm{f}s}} = \frac{KK_c(1+T_\mathrm{f}s)}{TT_\mathrm{f}s^2 + (T+T_\mathrm{f})s + KK_c + 1}$$

この系のステップ応答を考えたとき，その最終値は次式で求まる．

$$y(\infty) = \lim_{s \to 0} sY(s) = \lim_{s \to 0} s\left\{ \frac{KK_c(1+T_\mathrm{f}s)}{TT_\mathrm{f}s^2 + (T+T_\mathrm{f})s + KK_c + 1} \right\} \frac{1}{s}$$

$$= \lim_{s \to 0} \frac{KK_c(1+T_\mathrm{f}s)}{TT_\mathrm{f}s^2 + (T+T_\mathrm{f})s + KK_c + 1} = \frac{KK_c}{1+KK_c}$$

前問と同じ関係があり，$K_c$ が増加すると最終値 $y(\infty)$ が 1 に近づくことが分かる．

■**13.5**　時定数 $T_1$ の一次遅れ系の単位ステップ応答は，ゲイン定数を $K$ として

$$y_1(t) = K(1 - e^{-t/T_1}) \quad \text{(9.2.2 節参照)}$$

となり，時定数 $T_1, T_2$ $(T_1 > T_2)$ を持つ二次遅れ系の単位ステップ応答は同様に，以下のように求まる．

$$y_2(t) = \mathcal{L}^{-1}\left\{ \frac{K}{(1+T_1 s)(1+T_2 s)} \frac{1}{s} \right\} = K\mathcal{L}^{-1}\left\{ \frac{A_1}{s} + \frac{A_2}{1+T_1 s} + \frac{A_3}{1+T_2 s} \right\}$$

分子の係数比較より，以下の連立方程式が得られる．

$$\begin{cases} A_1 T_1 T_2 + A_2 T_2 + A_3 T_1 = 0 \\ A_1(T_1 + T_2) + A_2 = 0 \\ A_1 = 1 \end{cases}$$

$$\Rightarrow \quad A_1 = 1, \ A_2 = \frac{-T_1^2}{T_1 - T_2}, \ A_3 = \frac{T_2^2}{T_1 - T_2}$$

よって

$$y_2(t) = K\left( 1 - \frac{T_1}{T_1 - T_2} e^{-t/T_1} + \frac{T_2}{T_1 - T_2} e^{-t/T_2} \right)$$

$y_1(t)$ と $y_2(t)$ を比較すると，$T_1 \gg T_2$ とすれば $y_2(t)$ の第 3 項はほぼ 0 になることが分かり，よって，大きい方の時定数 $T_1$ によって決まる虚軸に近い方の極（代表極）が応答を支配することが分かる．

## 14 章

■**14.1**　(1)　分母の係数をみて 2 次となり，$s$ の次数の低い方から $a_n, a_{n-1}, \cdots$ となるので，相変数を状態変数にとると

$$\begin{cases} \begin{pmatrix} \dot{x}_1 \\ \dot{x}_2 \end{pmatrix} = \begin{pmatrix} 0 & 1 \\ -\omega_\mathrm{n}^2 & -2\zeta\omega_\mathrm{n} \end{pmatrix}\begin{pmatrix} x_1 \\ x_2 \end{pmatrix} + \begin{pmatrix} 0 \\ 1 \end{pmatrix} u(t) \\ y(t) = \begin{pmatrix} 1 & 0 \end{pmatrix}\begin{pmatrix} x_1 \\ x_2 \end{pmatrix} \end{cases}$$

(2)　伝達関数を多項式表示に変形する．

$$G(s) = \frac{s+3}{(s+1)(s+2)(s+4)} = \frac{s+3}{s^3 + 7s^2 + 14s + 8}$$

分母の係数をみて 3 次となり，$s$ の次数の低い方から $a_n, a_{n-1}, \cdots$ となる．また，分子の次数は 1 次となる．相変数を状態変数にとって

$$
\begin{cases}
\begin{pmatrix} \dot{x}_1 \\ \dot{x}_2 \\ \dot{x}_3 \end{pmatrix} = \begin{pmatrix} 0 & 1 & 0 \\ 0 & 0 & 1 \\ -8 & -14 & -7 \end{pmatrix} \begin{pmatrix} x_1 \\ x_2 \\ x_3 \end{pmatrix} + \begin{pmatrix} 0 \\ 0 \\ 1 \end{pmatrix} u(t) \\
y(t) = \begin{pmatrix} 3 & 1 & 0 \end{pmatrix} \begin{pmatrix} x_1 \\ x_2 \\ x_3 \end{pmatrix}
\end{cases}
$$

■**14.2** 例題 14.2 のシステムの状態方程式と出力方程式から，各係数行列は以下となる．

$$
A = \begin{pmatrix} 0 & 1 \\ -10 & -1 \end{pmatrix}, \quad B = \begin{pmatrix} 0 \\ 10 \end{pmatrix}, \quad C = \begin{pmatrix} 1 & 0 \end{pmatrix}
$$

よって，重み係数行列 $Q$ と $R$ を用いた（一入力一出力系の）リッカチ方程式

$$
A^{\mathrm{T}}P + PA - PBR^{-1}B^{\mathrm{T}}P + Q = \mathbf{0}
$$

の解を

$$
P = \begin{pmatrix} p_{11} & p_{12} \\ p_{21}\,(= p_{12}) & p_{22} \end{pmatrix} = P^{\mathrm{T}}
$$

とすると，次の連立方程式が得られる．

$$
\begin{cases}
-100p_{12}^2 - 20p_{12} + 1 = 0 \\
-100p_{12}p_{22} - 10p_{22} - p_{12} + p_{11} = 0 \\
-100p_{22}^2 - 2p_{22} + 2p_{12} + 6 = 0
\end{cases}
$$

これらを解くと，行列 $P$ が次のように求まる．

$$
P = \begin{pmatrix} \frac{20\sqrt{3} + \sqrt{2} - 1}{10} & \frac{\sqrt{2} - 1}{10} \\ \frac{\sqrt{2} - 1}{10} & \frac{\sqrt{3}}{5\sqrt{2}} \end{pmatrix}
$$

よって，係数行列 $K$ は次式となる．

$$
\begin{aligned}
K &= -R^{-1}B^{\mathrm{T}}P \\
&= -1 \begin{pmatrix} 0 & 10 \end{pmatrix} \begin{pmatrix} \frac{20\sqrt{3} + \sqrt{2} - 1}{10} & \frac{\sqrt{2} - 1}{10} \\ \frac{\sqrt{2} - 1}{10} & \frac{\sqrt{3}}{5\sqrt{2}} \end{pmatrix} = -\begin{pmatrix} \sqrt{2} - 1 & \sqrt{6} \end{pmatrix}
\end{aligned}
$$

■**14.3** 各係数行列は以下である．

$$
A = \begin{pmatrix} 0 & 1 \\ 0 & 0 \end{pmatrix}, \quad B = \begin{pmatrix} 0 \\ 1 \end{pmatrix}
$$

よって，前問と同様にリッカチ方程式を解くと，次式が得られる．

$$
\begin{cases}
1 - p_{12}^2 r = 0 \\
p_{11} - p_{12}p_{22} r = 0 \\
-p_{22}^2 r + 2p_{12} + q = 0
\end{cases}
$$

問 題 解 答　　　　　　　**245**

これらを解くと，行列 $P$ と係数行列 $K$ が次のように求まる．

$$P = \begin{pmatrix} \frac{1}{r\sqrt{r}}\left(\frac{2}{\sqrt{r}+q}\right) & \frac{1}{\sqrt{r}} \\ \frac{1}{\sqrt{r}} & \frac{1}{r}\left(\frac{2}{\sqrt{r}+q}\right) \end{pmatrix}$$

$$K = -R^{-1}B^{\mathrm{T}}P = -\frac{1}{r}\begin{pmatrix} 0 & 1 \end{pmatrix}\begin{pmatrix} \frac{1}{r\sqrt{r}}\left(\frac{2}{\sqrt{r}+q}\right) & \frac{1}{\sqrt{r}} \\ \frac{1}{\sqrt{r}} & \frac{1}{r}\left(\frac{2}{\sqrt{r}+q}\right) \end{pmatrix}$$

$$= -\begin{pmatrix} \frac{1}{r\sqrt{r}} & \frac{1}{r^2}\left(\frac{2}{\sqrt{r}+q}\right) \end{pmatrix}$$

■**14.4**　各係数行列は以下である．

$$A = \begin{pmatrix} 0 & 1 \\ -a_2 & -a_1 \end{pmatrix}, \quad B = \begin{pmatrix} 0 \\ b \end{pmatrix}$$

前回と同様にリッカチ方程式を解くと，次の連立方程式が得られる．

$$\begin{cases} -b^2 p_{12}^2 r - 2a_2 p_{12} + 1 = 0 \\ -b^2 p_{12} p_{22} r - a_2 p_{22} - a_1 p_{12} + p_{11} = 0 \\ -b^2 p_{22}^2 r + q - 2a_1 p_{22} + 2p_{12} = 0 \end{cases}$$

これらを解くと，行列 $P$ と係数行列 $K$ が次のように求まる．

$$P =$$
$$\begin{pmatrix} \frac{\sqrt{b^2 r + a_2^2}\sqrt{2\sqrt{b^2 r + a_2^2} + b^2 qr - 2a_2 + a_1^2} - a_1 a_2}{b^2 r} & \frac{\sqrt{b^2 r + a_2^2} - a_2}{b^2 r} \\ \frac{\sqrt{b^2 r + a_2^2} - a_2}{b^2 r} & \frac{\sqrt{2\sqrt{b^2 r + a_2^2} + b^2 qr - 2a_2 + a_1^2} - a_1}{b^2 r} \end{pmatrix}$$

$$K = -R^{-1}B^{\mathrm{T}}P = -\begin{pmatrix} \frac{\sqrt{b^2 r + a_2^2} - a_2}{b^2 r^2} & \frac{\sqrt{2\sqrt{b^2 r + a_2^2} + b^2 qr - 2a_2 + a_1^2} - a_1}{b^2 r^2} \end{pmatrix}$$

## 15章

■**15.1**　微分方程式を連想する方法では，相変数を用いて求められた状態方程式の係数行列 $A$ が微分方程式の左辺（出力側）の係数に，出力方程式の係数行列 $C$ が微分方程式の右辺（入力側）の係数に現れる．つまり，伝達関数においては，係数行列 $A$ は分母に，係数行列 $B$ は分子に現れる．これによって，伝達関数は以下となる．

$$G(s) = \frac{1}{6 + 5s + s^2}$$

状態方程式を用いる方法では，以下の式を計算することで求める．

$$G(s) = C(sI - A)^{-1}B = \begin{pmatrix} 1 & 0 \end{pmatrix}\left(\begin{pmatrix} s & 0 \\ 0 & s \end{pmatrix} - \begin{pmatrix} 0 & 1 \\ -6 & -5 \end{pmatrix}\right)^{-1}\begin{pmatrix} 0 \\ 1 \end{pmatrix}$$

$$= \begin{pmatrix} 1 & 0 \end{pmatrix}\begin{pmatrix} s & -1 \\ 6 & s+5 \end{pmatrix}^{-1}\begin{pmatrix} 0 \\ 1 \end{pmatrix} = \frac{1}{s^2 + 5s + 6}\begin{pmatrix} 1 & 0 \end{pmatrix}\begin{pmatrix} s+5 & 1 \\ -6 & s \end{pmatrix}\begin{pmatrix} 0 \\ 1 \end{pmatrix} = \frac{1}{s^2 + 5s + 6}$$

**246** 問 題 解 答

■**15.2** 微分方程式で表された系の場合，相変数を用いて状態方程式を表すと，微分方程式の左辺（出力側）の係数が状態方程式の係数行列 $A$ に，微分方程式の右辺（入力側）の係数が出力方程式の係数行列 $C$ に現れる．よって，与式

$$\dddot{y}(t) + 3\ddot{y}(t) + 5\dot{y}(t) + 2y(t) = 2\dot{u}(t) + u(t)$$

を微分の階数の昇順に並べ替えて

$$2y(t) + 5\dot{y}(t) + 3\ddot{y}(t) + \underbrace{\dddot{y}(t)}_{\substack{\text{ここは係数行列に} \\ \text{現れない}}} = u(t) + 2\dot{u}(t)$$

のようにしておく．状態方程式と出力方程式は，以下となる．

$$\begin{cases} \dot{\boldsymbol{x}} = \begin{pmatrix} 0 & 1 & 0 \\ 0 & 0 & 1 \\ -2 & -5 & -3 \end{pmatrix} \boldsymbol{x} + \begin{pmatrix} 0 \\ 0 \\ 1 \end{pmatrix} \\ y(t) = \begin{pmatrix} 1 & 2 & 0 \end{pmatrix} \end{cases}$$

状態方程式を用いる方法で，伝達関数を求める．

$$\begin{aligned} G(s) &= C \left(sI - A\right)^{-1} B \\ &= \begin{pmatrix} 1 & 2 & 0 \end{pmatrix} \left( \begin{pmatrix} s & 0 & 0 \\ 0 & s & 0 \\ 0 & 0 & s \end{pmatrix} - \begin{pmatrix} 0 & 1 & 0 \\ 0 & 0 & 1 \\ -2 & -5 & -3 \end{pmatrix} \right)^{-1} \begin{pmatrix} 0 \\ 0 \\ 1 \end{pmatrix} \\ &= \begin{pmatrix} 1 & 2 & 0 \end{pmatrix} \begin{pmatrix} s & -1 & 0 \\ 0 & s & -1 \\ 2 & 5 & s+3 \end{pmatrix}^{-1} \begin{pmatrix} 0 \\ 0 \\ 1 \end{pmatrix} \\ &= \begin{pmatrix} 1 & 2 & 0 \end{pmatrix} \begin{pmatrix} \frac{s^2+3s+5}{s^3+3s^2+5s+2} & \frac{s+3}{s^3+3s^2+5s+2} & \frac{1}{s^3+3s^2+5s+2} \\ \frac{-2}{s^3+3s^2+5s+2} & \frac{s(s+3)}{s^3+3s^2+5s+2} & \frac{s}{s^3+3s^2+5s+2} \\ \frac{-2s}{s^3+3s^2+5s+2} & \frac{-(5s+2)}{s^3+3s^2+5s+2} & \frac{s^2}{s^3+3s^2+5s+2} \end{pmatrix} \begin{pmatrix} 0 \\ 0 \\ 1 \end{pmatrix} \\ &= \frac{2s+1}{s^3+3s^2+5s+2} \end{aligned}$$

確認のために，与式の微分方程式の両辺をラプラス変換してすべての初期値を $0$ とおき，$Y(s)$ と $U(s)$ にまとめて，伝達関数 $G(s) = Y(s)/U(s)$ を求める．

$$(s^3 + 3s^2 + 5s + 2)Y(s) = (2s+1)U(s)$$

$$\Rightarrow \quad G(s) = \frac{2s+1}{s^3+3s^2+5s+2}$$

どちらの方法においても，同じ伝達関数が得られることが確認できた．

■**15.3** 演習 14.2 において，状態フィードバックを施した後の係数行列は以下となる．

$$\begin{pmatrix} 0 & 1 \\ -10 & -1 \end{pmatrix} \quad \Rightarrow \quad \begin{pmatrix} 0 & 1 \\ -(10+\sqrt{7}-1) & -\left(1+\dfrac{\sqrt{10\sqrt{7}+91}-1}{10}\right) \end{pmatrix}$$

元のシステムの特性方程式と，それから求まる極は以下となる．

$$10 + s + s^2 = 0$$
$$\Rightarrow \quad s_{1,2} = \frac{-1 \pm j\sqrt{39}}{2} \simeq -0.5 \pm j3.12$$

フィードバック構成後のシステムの特性方程式と，それから求まる極は以下となる．

$$(10 + \sqrt{7} - 1) + \left(1 + \frac{\sqrt{10\sqrt{7}+91}-1}{10}\right)s + s^2 = 0$$
$$\Rightarrow \quad s_{1,2} \simeq -0.99 \pm j3.26$$

極の変化から，減衰特性は 2 倍程度，振動角周波数はわずかに早くなることが分かる．

■**15.4** 図より，以下の関係が得られる．

$$\begin{cases} x_1 = \frac{x_2}{s} & \Rightarrow \quad x_2 = sx_1 = \dot{x}_1 \\ x_2 = \frac{-\frac{c}{m}x_2 - \frac{k}{m}x_1 + \frac{1}{m}f}{s} & \Rightarrow \quad sx_2 = \dot{x}_2 = -\frac{c}{m}x_2 - \frac{k}{m}x_1 + \frac{1}{m}f \\ y(t) = x_1 \end{cases}$$

よって，行列形式にまとめると以下となる．

$$\begin{cases} \begin{pmatrix} \dot{x}_1 \\ \dot{x}_2 \end{pmatrix} = \begin{pmatrix} 0 & 1 \\ -\frac{k}{m} & -\frac{c}{m} \end{pmatrix} \begin{pmatrix} x_1 \\ x_2 \end{pmatrix} + \begin{pmatrix} 0 \\ \frac{1}{m} \end{pmatrix} f(t) \\ y(t) = \begin{pmatrix} 1 & 0 \end{pmatrix} \begin{pmatrix} x_1 \\ x_2 \end{pmatrix} \end{cases}$$

■**15.5** 図より，以下の関係が得られる．

$$\begin{cases} y(t) = c_1 x_1 + c_2 x_2 \\ x_1 = \frac{x_2}{s} & \Rightarrow \quad x_2 = sx_1 = \dot{x}_1 \\ x_2 = \frac{-a_1 x_2 - a_2 x_1 + kf}{s} & \Rightarrow \quad sx_2 = \dot{x}_2 = -a_2 x_1 - a_1 x_2 + kf \end{cases}$$

よって，行列形式にまとめると以下となる．

$$\begin{cases} \begin{pmatrix} c\dot{x}_1 \\ \dot{x}_2 \end{pmatrix} = \begin{pmatrix} 0 & 1 \\ -a_2 & -a_1 \end{pmatrix} \begin{pmatrix} x_1 \\ x_2 \end{pmatrix} + \begin{pmatrix} 0 \\ k \end{pmatrix} f(t) \\ y(t) = \begin{pmatrix} c_2 & c_1 \end{pmatrix} \begin{pmatrix} x_1 \\ x_2 \end{pmatrix} \end{cases}$$

■**15.6** 各係数行列は以下である．

$$A = \begin{pmatrix} 0 & 1 \\ -a_2 & -a_1 \end{pmatrix},$$
$$B = \begin{pmatrix} 0 \\ k \end{pmatrix}$$

問 14.2 と同様にリッカチ方程式を解くと，次の連立方程式が得られる．

$$\begin{cases} -k^2 p_{12}^2 r - 2a_2 p_{12} + 1 = 0 \\ -k^2 p_{12} p_{22} r - a_2 p_{22} - a_1 p_{12} + p_{11} = 0 \\ -k^2 p_{22}^2 r + q - 2a_1 p_{22} + 2p_{12} = 0 \end{cases}$$

これらを解くと，行列 $P$ と係数行列 $K$ が次のように求まる．

$$P = \begin{pmatrix} \frac{\sqrt{k^2r+a_2^2}\sqrt{2\sqrt{k^2r+a_2^2}+k^2qr-2a_2+a_1^2}-a_1 a_2}{k^2 r} & \frac{\sqrt{k^2r+a_2^2}-a_2}{k^2 r} \\ \frac{\sqrt{k^2r+a_2^2}-a_2}{k^2 r} & \frac{\sqrt{2\sqrt{k^2r+a_2^2}+k^2qr-2a_2+a_1^2}-a_1}{k^2 r} \end{pmatrix}$$

$$K = -R^{-1}B^{\mathrm{T}}P$$
$$= -\begin{pmatrix} k_2 & k_1 \end{pmatrix}$$
$$= -\begin{pmatrix} \frac{\sqrt{k^2r+a_2^2}-a_2}{k^2 r^2} & \frac{\sqrt{2\sqrt{k^2r+a_2^2}+k^2qr-2a_2+a_1^2}-a_1}{k^2 r^2} \end{pmatrix}$$

状態フィードバックを施した後，状態方程式と出力方程式は以下となる．

$$\begin{cases} \begin{pmatrix} \dot{x}_1 \\ \dot{x}_2 \end{pmatrix} = \begin{pmatrix} 0 & 1 \\ -(a_2+k_2) & -(a_1+k_1) \end{pmatrix} \begin{pmatrix} x_1 \\ x_2 \end{pmatrix} + \begin{pmatrix} 0 \\ k \end{pmatrix} f(t) \\ y(t) = \begin{pmatrix} c_2 & c_1 \end{pmatrix} \begin{pmatrix} x_1 \\ x_2 \end{pmatrix} \end{cases}$$

状態方程式の係数行列から伝達関数の分母は

$$(a_2 + k_2) + (a_1 + k_1)s + s^2$$

となり，出力方程式の係数行列から伝達関数の分子は $c_2 + c_1 s$ となるので，伝達関数は以下となる．

$$G(s) = \frac{c_1 s + c_2}{s^2 + (a_1+k_1)s + a_2+k_2}$$

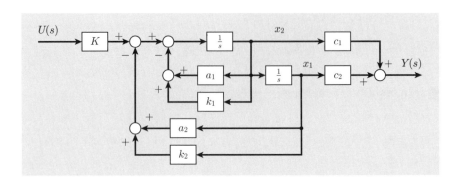

# 参 考 文 献

[ 1 ]  明石一，『制御工学 増訂版』，共立出版（1979）．

[ 2 ]  明石一，今井弘之，『詳解制御工学演習』，共立出版（1981）．

[ 3 ]  大須賀公一，『制御工学』，共立出版（1995）．

[ 4 ]  鳥羽栄治，山浦逸雄，『制御工学演習』，森北出版（1996）．

[ 5 ]  Norman S. Nise, "Control Systems Engineering Third edition", John Wiley & Sons, Inc.,（2000）．

[ 6 ]  北川能，堀込泰雄，小川侑一，『自動制御工学』，森北出版（2001）．

[ 7 ]  松瀬貢規，『基礎制御工学』，数理工学社（2013）．

[ 8 ]  鈴木隆，板宮敬悦，『例題で学ぶ自動制御の基礎』，森北出版（2011）．

[ 9 ]  伊藤正美，木村英紀，細江繁幸，『線形制御系の設計理論』，計測自動制御学会（1983）．

# 索　引

## あ 行

安定判別法　123

行き過ぎ時間　173
行き過ぎ量　173
位相遅れ要素　86
位相差　60
位相進み要素　84
位相特性　29
一次遅れ液面系　226
一次遅れ系　72
一次進み要素　82
一巡伝達関数　134, 160
インパルス応答　22

遅れ時間　173
重み関数　3, 22

## か 行

外乱　9
開ループ制御　6
開ループ伝達関数　134, 160
可観測　198
可観測性行列　199
学習制御　6
過減衰　77
重ね合わせの原理　15
可制御　198
可制御性行列　199

基準入力　17
極　48
極ゼロ表示　48
極配置　194

矩形関数　17

ゲイン　60
ゲインスケジューリング制御　7
ゲイン定数　72
ゲイン特性　29
検出部　4
減衰固有角振動数　77
減衰比　77
現代制御理論　182

高次遅れ系　74
古典制御理論　182
固有角振動数　77
根軌跡　160
根軌跡法　160
コントローラゲイン　137

## さ 行

サーボ系　6
最適制御　7
最適レギュレータ問題　191
サンプル値制御　7

シーケンス制御　7, 132
システム　2
システム方程式　182
時定数　72
自動制御　5
時不変性　14
周波数伝達関数　3, 30
手動制御　5
状態変数　183
状態方程式　182

初期状態　14
振幅特性　29
振幅比　60

制御　3, 4
制御対象　4
制御偏差　4
制御量　4
整定時間　173
静的システム　14
積分時間　64
積分要素　140
ゼロ点　48
遷移行列　204
線形性　15
線形な系　15

操作部　4
操作量　4
相変数　183

## た 行

代表極　142
多項式表示　48
畳み込み積分　23
立ち上がり時間　173
単位インパルス応答　104, 109
単位インパルス関数　22
単位インパルス入力　22
単位ステップ応答　105, 110

超過減衰　77
調節部　4

索　引　　　**251**

追従制御　　6

ディジタル制御　　7
定値制御　　6
適応制御　　6
デルタ関数　　19
伝達関数　　3, 45

動的システム　　14

### な　行

二次遅れ系　　74, 77
二次振動系　　77

### は　行

比較部　　4
非線形制御　　7
微分時間　　66
微分要素　　140
評価関数　　191
比例要素　　140

ファジィ制御　　7
フィードバック制御　　6, 9,
　132

フィードフォワード制御　　6,
　10, 132
部分分数展開表示　　48
フルビッツの安定判別法
　123
プログラム制御　　6
ブロック　　5
ブロック線図　　4, 53
プロパーな系　　14

閉ループ制御　　6

ボード線図　　37, 60

### ま　行

前向き伝達関数　　160
むだ時間　　88

目標値　　4

### や　行

ユニティーフィードバック
　制御系　　136
ユニティフィードバック
　160

### ら　行

ラウスの安定判別法　　123
ラプラス変換　　45
ランプ応答　　105

リッカチ方程式　　191
臨界減衰　　77

ルールベース制御　　7

ロバスト制御　　7

### 英数字

$\delta$ 関数　　19
CHR 法　　146
PID 制御　　6
PID 調節要素　　140
PI 調節器　　210
ZN 限界感度法　　146
ZN 法　　146

## 著者略歴

### 倉田 純一

1983 年　関西大学大学院工学研究科博士課程後期課程中退
1983 年　関西大学工学部助手
1992 年　学位取得　博士（工学）
1993 年　同専任講師
1999 年　同助教授
2007 年　関西大学システム理工学部准教授（現在に至る）
2009 年　三大学医工薬連環科学教育研究機構 教育開発部門長併任
2012 年　同機構 副機構長併任
2013 年　同機構 機構長併任（現在に至る）

### 主要著書

『大学生の学びを育む学習環境のデザイン—新しいパラダイムが拓くアクティブ・ラーニングへの挑戦—』（分担執筆，関西大学出版，2014）

機械工学テキストライブラリ＝ USM–8

## システム制御入門

2016 年 6 月 25 日©　　　　　　初 版 発 行
2019 年 2 月 10 日　　　　　　　初版第2刷発行

著　者　倉田純一　　　　発行者　矢沢和俊
　　　　　　　　　　　　印刷者　大道成則

【発行】　　株式会社　数 理 工 学 社

〒151-0051　東京都渋谷区千駄ヶ谷 1 丁目 3 番 25 号
編集　☎ (03)5474–8661（代）　　サイエンスビル

【発売】　　株式会社　サ イ エ ン ス 社

〒151-0051　東京都渋谷区千駄ヶ谷 1 丁目 3 番 25 号
営業　☎ (03)5474–8500（代）　振替 00170–7–2387
FAX　☎ (03)5474–8900

印刷・製本　太洋社

《検印省略》

本書の内容を無断で複写複製することは，著作者および出版社の権利を侵害することがありますので，その場合にはあらかじめ小社あて許諾をお求め下さい．

ISBN978–4–86481–038–8

PRINTED IN JAPAN

サイエンス社・数理工学社の
ホームページのご案内
http://www.saiensu.co.jp
ご意見・ご要望は
suuri@saiensu.co.jp　まで．